你可以投身工作，但不迷失自己——

給在職場中迷惘的女兒，第一天上班就該懂的工作思維

許斗榮（허두영）／著
馮燕珠／譯

첫 출근하는 딸에게:
요즘 것들을 위한 직장생활 안내서

TO MY DAUGHTER, CONGRATULATIONS ON YOUR FIRST DAY OF WORK

Contents

第二章 關係

沒有什麼比關係更重要

第三章 表現

展現薪水以上的成果

第四章
目標

在工作之前，人生是自己的

第五章 態度

職涯的深度和廣度由態度決定

好評推薦

市面上有很多職涯相關書籍，但想靠一本職涯書就找到答案的機率非常低。如果你還在找自己的方向，我覺得這一本從父親角度看待職場的書，有不一樣的溫度。

我們常害怕家人擔心，怕家人不懂，所以我們選擇在外面參加講座，找自己的路。這次讓我們用換位思考的方式，看看長輩對於女兒的意見與想法，還可觀察異國文化的作者有哪些觀點，或許你可以更快地繪出你專屬的職涯地圖。

——Sandy Su 蘇盈如，國際獵頭、暢銷書《2030 轉職地圖》作者

「進入職場是修煉，但守住自己的想法和理想是成長的美好果實。」本書從父親的

角度分享自身經驗，或許是對女兒的疼愛及年輕一輩的情緒，都讓文字多了些溫度。而社會環境改變及Z世代進入職場的衝擊，也是現在中階主管的困擾，當中的思考與矛盾也可以幫助讀者能在職場有新的觀點，進而對新進人員的管理有更多的幫助。

——王福闓，中華品牌再造協會理事長

這是一個轉變很快速的時代，許多人因此在職場上感到高壓、困惑跟痛苦，因此有種人生卡住的狀態。這本書聊了五人面向，包含如何培養「專業」、建立良好的職場人際「關係」、拿出工作「表現」、釐清清晰「目標」和理解「態度」，用深入淺出的方式與故事例子給我們很多工作與生活的啟發。

——布姐，職涯生涯教練

字裡行間除了流露父親對女兒的深切期待，也真切地寫出了一種職場人士應有的專業姿態！

——楊琮熙，「人資主管UP學」部落客、影響力教練

推薦序

一本寫給所有人的職場「不迷失」錦囊

——楊斯棓，《人生路引》作者、醫師

投身工作，但迷失自己，是什麼樣的人生？

那種人生，很像是低頭振筆、認真批改學生作業的老師，卻沒有思考少子化效應讓學校招生逐年困難，終至倒校，出了校門，抬頭望天，卻找不到屬於自己的一片雲。

那種人生，好比是糕餅師傅每天認真地勤於拍打粿模，卻祈求驚喜接踵而至的明天。那樣的人生，本身更像是被拍打出來的一塊紅龜粿。沒有不好，只是都長一樣。

那所謂「不」迷失自己，又該怎麼做？

第一例中的老師，可用「可汗學院」（Khan Academy）來當作參考座標，若然，全世界都是你的受眾，你的教室，沒有圍牆。

第二例中的糕餅師傅，可以思考製粿過程有沒有可以優化的步驟，可以嘗試全新餡料。你的產品，將有無限可能。

《你可以投身工作，但不迷失自己》一書是一位父親許斗榮提前寫給女兒的職場錦囊。作者因為希望「協助兩個女兒減少失誤，盡快適應全然不同的職場生活」而寫，這讓我想起一個人，前卡內基美隆大學教授蘭迪．鮑許（Randy Pausch）。

蘭迪．鮑許曾寫下《最後的演講》（*The Last Lecture*）一書，罹患胰臟癌的他，替自己最後一場演講下了個註腳：「第一，今天的演講不是講如何實現你的夢想，而是如何引領你的一生。如果你正確引領你的一生，因緣自會帶來你應得的。第二，今天的講座，是為了我的孩子。」

這兩本書的作者，都是把自己急切想分享的處事準則寫出來，留給下一代，同時也澤披大眾。唯一差別是下筆之際，蘭迪．鮑許已知時日無多，許斗榮則日正當中。

本書作者的提醒，社會新鮮人適用，累積十年、二十年工作資歷的人亦然。

譬如書中提到：「帶著明朗的表情，先和別人打招呼。」過去我在電梯裡遇到陌生人，頂多禮貌性點個頭，因為心裡總是想「戴著口罩微笑，對方也不知道」。另一個內心小劇場是，如果我們先打招呼，對方不回應我們，不就很沒面子，好像我們很渺小，與其如此，不如保持最低程度的社交禮貌就好。

直到有幾次，我遇到幾位十幾歲的住戶，他們不但主動跟我打招呼，還會道晚安，我幫忙按電梯開門，還會高聲答謝。當時我就想，這家人家教真好，他們不等對方的善意回應就先有禮待人。

有禮待人，操之在我；善意回應，操之在人。

「先」問候別人，不會吃虧，若對方漠然回應，那是對方沒有家教，不必在乎。

另外，作者也特別提醒要鍛鍊思考與寫作能力。台大傅鐘二十一響，因為一天有三小時該用來思考，作者也如此持論。

閱讀與思考，是輸入；寫作與說話，是輸出。

書中我最喜歡的一句話是：「要好好過生活才能寫得好，能感動人的文章是從生活中產生出來的。」

持續輸入薪柴，反省輸出成果，就是好好過生活。

作者序

給站在陌生道路上苦惱的你

引領二十一世紀的年輕靈魂，通過重重關卡好不容易找到工作，但真正面對職場時，才發現似乎比想像中還要辛苦。因為職場文化、管理風格、工作方式等，大部分都還停留在二十世紀工業化時代。老一代的陳腐觀念、落後的組織樣貌就像銅牆鐵壁一般難以打破。摘掉「待業中」的帽子之後面對現實，才發現很多事情與原本的期待不同。剛開始懷抱著滿腔熱情蓄勢待發，但沸騰的鍋子似乎很快就涼了，在現實面前只能收回熱情，當覺得自己不管多麼努力都無法改變結果時，就會陷入一種習得性無助（Learned Helplessness）。

所以，有許多社會新鮮人在剛進入公司不久後，就開始準備辭職，成為「離職準備生」。這真的令人感到很心疼，一面是求職大作戰，但另一面卻是離職風暴。從二〇〇〇年開始至今，韓國的實際失業人數，已經來到了最惡劣的狀態，據說在進入公司的同時就準備辭職的上班族人數正呈現上升趨勢。根據求職網站調查表示，上班族當中有六一%的人想辭職，而進入公司未滿一年就辭職者的比例更高達六六%，新聞《每日經濟》對此現象的註解是：「一邊是就業難，一邊是新進職員離職潮……現在是『進退兩難』的時代。」

不過大概會有前輩這麼說吧：「現在的年輕人真是身在福中不知福啊！不管怎麼樣，和我們以前相比，現在的社會還是比較好過。喊苦？會苦到哪裡去啊？」但真的是這樣嗎？與上一代相比，現今社會的就業狀況反而更加艱難，即使自名校畢業，有亮麗的背景來妝點自己，要順利找到工作也並非易事。

我的朋友當中有自己開公司（中小企業）的，也曾隱隱炫耀說錄用了名校畢業又有實力的新職員。但是，如果組織本身還沒準備好迎接新職員，光把資歷好的新人找進來有什麼用呢？公司組織背負著沉重包袱，沒有辦法立即改變，人也不能乾等著組織改變，因此上班族就必須自己尋找生存方式。在這種時候，若出現一個守護天使，能親切地告訴那些社會新鮮人職場生存之道該有多好。很開心這本書能夠為迷惘的社會新鮮人提供一些協助。

這本書的內容介紹身為社會新鮮人、公司新進職員應該具備的要素，主要分為五個章節。第一章〈成為專業工作者必須具備的職業精神〉中，詳述了上班族在職場中自我管理和自我開發的方法；第二章〈沒有什麼比關係更重要〉，則整理了提升職場生活品質的人際關係維繫方式；第三章〈展現薪水以上的成果〉，涵蓋了工作所需要的各種技巧；第四章〈在工作之前，人生是自己的〉中，則闡述身為上班族的人生目標和原則的重要性；最後第五章〈職涯的深度和廣度由態度決定〉中，則詳細說明抱持什麼樣的態度、品格，在職場上會左右別人對你的評價。若這些內容能撫慰女兒在陌生道路上的孤獨，那麼爸爸就別無所求了。

記得以前曾看過一部電視劇，其中有一段內容我到現在都還記得很清楚。劇中的男主角突然意外死亡，死後成為幽靈守護在女兒身邊。有一回他見到女兒遇到吊兒啷噹的壞朋友，受到影響就要誤入歧途了，幽靈爸爸看在眼裡焦急得不得了，甚至向女兒高聲吶喊，卻一點用處也沒有，那場面讓人看了也不知不覺感到焦急。當時爸爸還沒有結婚，不知道為什麼卻對男主角的心情感同身受。我突然想到必須為將來設想，萬一有一天我不在了，希望可以留下一些有用的話給你，當你想到爸爸時，就可以藉著這些文字把爸爸召喚到你身邊。

在職場生活難免會有不安和苦惱的時候，遇到那種時候不妨想想「如果是爸爸會說什麼？」那時你可以翻開這本書看看，就像跟爸爸面對面坐著聊天一樣。看到有同感的部分就隨心所欲畫個底線、或用螢光筆標示、或貼張便利貼寫下自己的看法，如果能在書中留下許多對話的痕跡就好了。我很好奇你跟爸爸心有靈犀的會是什麼內容？當然應該也會有無法理解或想法不同的部分，就先打個問號，過些時候再讀一遍，仔細想想爸爸為什麼會那樣說，那麼就可以跟爸爸進行更深入的對話了。

我最愛的女兒，從現在開始自我管理很重要，從內在心態到外在衣著都要注意。爸爸會一直為你加油，支持你邁入職場。以為人父的心情，與即將展開職場生活的你坐下來談一談。

準備好和爸爸聊一聊了嗎？我們開始吧！

第一章　專業

成為專業工作者
必須具備的職業精神

Professional

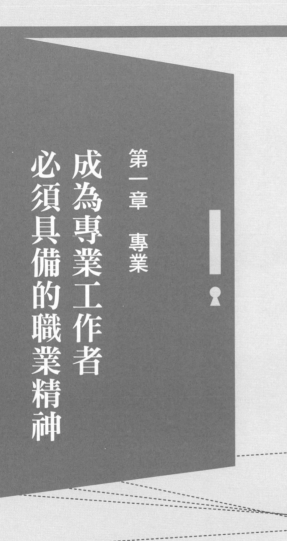

1

一邊工作也要一邊充實自己

近來的新進職員比起以前，學歷背景都要好上許多，當然有人名符其實，工作上的表現如同漂亮的履歷表一樣好；不過光有好學歷，工作表現卻差強人意的也大有人在。

我回想過去在職場中遇過的顧問，發現學歷背景不一定與業務能力成正比，反而是有韌性又誠實的人，總是能很優秀地把工作做好。例如沈職員，他出身於地方大學，老實說他的學歷並不優異，但是他的溝通能力和學習意志非常傑出。剛進公司時，他的工作能力和其他職員並沒有太大的差異，但隨著時間過去，就逐漸嶄露頭角。還是新人時，他每次簡報總能一下子就切中核心，也常常提出讓人眼睛為之一亮的點子，深獲客戶的好評。

「讀書的腦袋與工作的腦袋不一樣」，這句話在你踏入職場之後，會常常聽到，你也會慢慢感受到。這話是有道理的，在職場上需要學習的事物，與過去從小到大在學校接受的教育很不同，因此從現在開始，必須要更深入思考、更主動學習。

過去你不是學過跆拳道的品勢①嗎，偶爾也會練習比試一下，但現在為了真正上場較量，你必須掌握更精巧的技術。「學習」就像是製造一個可以用自己的語言來解讀這個世界的鏡頭，不是等著世界拋出問題給你，而是心中要先提出疑問，再自己去尋找答案，這才是真正的學習。**比起模仿別人的知識，更重要的是你必須有自信地說出自己的觀點。**

如果想學習更多知識，繼續升學也是很好的。現在這個時代，大學畢業差不多等於爸爸媽媽當年高中畢業一樣的水準，因為現在產生了「學歷膨脹」的現象，大學畢業生求職困難好像成了常態，就像我們那個時代沒有學習什麼特別專業的技術，只以高中畢業的學歷找工作一樣。

---

① 品勢即跆拳道的「型」，是根據基本動作把防禦和攻擊設計成套路來訓練的練習體系。

「學習」就像是製造一個

可以用自己的語言來解讀這個世界的鏡頭。

比起模仿別人的知識，

更重要的是你必須有自信地說出自己的觀點。

為了實現自我，只有不斷地學習才有競爭力。為了提高生命的品質，現在「終身學習」已經不是選擇，而是必須的。像沈職員能夠在這麼短的時間內，在工作能力上得到肯定，祕訣就是他一直都非常確實地學習。爸爸在這裡推薦你幾個學習方法。

✚ 七個職場人培養思考能力的學習法

1. 找尋自己好奇的事並學習

能將心裡的問號變成驚嘆號才是真正的學習。

2. 實踐「三年學習法②」

管理學之父彼得・杜拉克（Peter Drucker）從二十歲出頭進入職場開始，每年都會訂立一個新的學習主題，集中火力用三個月學習，再擬定一個為期三年的學習計劃，跟三個月的主題同時進行。

---

② 彼得・杜拉克，《杜拉克精華》（*The Essential Drucker*）。

3. 培養整理自己想法的習慣

「誰說的？」「我不是鸚鵡！」「我的想法是……」要具備自己的信念和哲學。

4. 比起外在形式，更重要的是找出事件的本質

要努力找出問題的根本原因（Root Cause），而非表面原因。

5. 磨練活的知識

多走訪現場，累積實務經驗。

6. 沒有根據的傳聞是危險的

不要輕易相信「聽說的」那種水準的淺顯知識，要了解具體的根據或數字。

7. 閱讀歷史與經典來樹立思想的骨架

古木是不會經常移栽或輕易倒下的。

2 讓寫作成為自己的力量

哈佛大學針對一九七七年之後畢業的一千六百名四十多歲的哈佛校友進行問卷調查，當問到「以前所學對你目前的工作最有幫助的是什麼？」時，有九〇%以上的回答都是「寫作」；當問到「你覺得自己未來哪一方面能力要再繼續努力提升？」時，最多的答案也是「寫作」。寫作能力好，可以早點下班，也可以早點升職，如果寫作能力不好，可能就是提早離職了，就算是新進職員也不例外。現在區分新人工作表現的標準，除了外語能力之外，國文的寫作力也很重要。

要說職場生活有八成以上都在「寫」也不為過。從事文書工作的人大部分時間都在寫企劃案、提案以及報告書，會議與簡報要先寫出大綱，電子郵件更可以說是寫作的基礎。對上班族來說，寫作像是宿命。

從另一方面來看，文字也像人格，文章寫得好可以體現人的許多面向，像是專業、邏輯、創意、頭腦靈活度、禮儀，是否善於溝通、是否誠實等等。文章寫得好的人具有較高的附加價值，而且因為寫作人才很稀少，文筆好的人在職場裡是主管眼中「很好用」的人。職場適用「適者生存法則」，這原本是「必須適應環境才能生存」的意思，在這裡可以延伸為人才「以稀為貴」的意思。因此，若想獲得好表現，就必須培養用文字表現自我的能力。

爸爸在這裡推薦幾個有助於增進寫作力的方法讓你參考：

第一，建立「儀式」（Ritual）。每天安排固定的時間，像進行儀式一樣來寫作。我曾聽一位從事寫作工作的教授說，每天即使再忙，他也一定會在睡前寫兩個小時的文章。爸爸也是，在結束上班族的生活之後，除了週日，每天早上都會先讀書，計劃一天的活動，接著專心寫作到下午一點為止，建立自己生活的規律。

第二，製造「思考的時間」。社群網站領英（LinkedIn）的前首席執行長傑夫·韋納（Jeff Weiner）說過，他每天一定會留兩個小時的思考時間（Thinking Time）給自己；網路服務公司美國線上（AOL）的執行長提姆・阿姆斯壯（Tim Armstrong），則要求公司高階主管每天抽出一○％、每週至少四個小時以上的時間來思考；股神巴菲特（Warren Edward Buffett），一天有八○％的時間投資在閱讀及思考；比爾・蓋茲（Bill Gates）每年都會安排時間到湖邊的別墅度過思考週。思考與閱讀是啟發寫作最好的引子了。

第三，若有機會就積極投稿。不管是公司內部刊物、雜誌、報紙、期刊等等都可以，投稿是訓練寫作最有效的方法。爸爸一開始也是經由熟人推薦，才開始在報紙寫專欄，正式開啟寫作之路。與其一直停留在自己練習的程度，不如以投稿的方式來了解自己的實力，這樣才會慢慢進步。

即使現在覺得自己文筆不好也不需要著急，沒有人一開始就寫得很好。爸爸在剛出社會時也一直很苦惱，到底什麼時候才能寫好文章。但隨著經驗和時間的累積，會越來越習慣寫作這件事。也許每次寫企劃案或報告書時，還是會覺得很難，不過就把寫作當作職場生活中的宿命，進而培養思考的能力。除了多讀、多想、多寫之外，沒有其他捷徑可以幫你寫好文章的。

✚ 寫作帶來的力量

- 擦身而過的資訊也能成為我自己的東西。
- 整理複雜的想法。
- 擁有自己的觀點。
- 產生自信感與成就感。
- 提升自我價值。

✚ 提升價值的寫作習慣

- 寫完後自己讀過一遍來確認語氣及態度。
- 寫我的故事，最好的例子就在自己身上及周邊。
- 真實陳述比詞藻華麗更重要。
- 文句適度地分段落，拉近主語及謂語之間的距離。
- 簡潔地寫，寫到大概是國中生可以理解的程度。

・要好好過生活才能寫得好，能感動人的文章是從生活中產生出來的。

・修改再修改。

3

提高能力的武器——「發表力」

鄭職員在公司發表時總是很有條理，加上他沉穩又給人好感的口才，讓人聽了很容易被說服。有一次他得到機會，在總公司的研習會議上發表，得到前輩們很高的評價。他具有號召力的發表，多少可以補強他在文書寫作方面的不足。隨著時間過去，他的文書寫作能力提升了，發表能力更是令人注目，後來他甚至還負責一向由資深員工負責的提案發表。

每次在面試時，看到品性和態度很好的應徵者，卻因為過度緊張而無法好好表達自己的想法，總是讓人覺得惋惜。有兩種能力是身在職場的人必須具備的，一是將想法整理成文字的能力，另一個是能夠將想法用言語表達出來的能力。能夠同時兼具這兩種能力的人並不多，一般來說只要其中一項做得好就堪稱優秀了。

通常發表能力好的人較稀少，因此其附加價值更高。會議、簡報時能夠清楚明瞭表達想法的發表力，是職場人必備的武器，就算沒有非常厲害，至少要做到能準確傳達自己想表達的訊息。發表能力不足也不用過於擔心，從現在開始下定決心準備還來得及。透過每一次的練習確實改進，發表能力一定會越來越進步。爸爸在這裡提供你幾個讓別人看見優點、展現存在感的表達小祕訣。

✚ 提升存在感的六種表達技巧

1. 強烈地

發表的本質是傳遞訊息，重要訊息一個就足夠了，最多不要超過三個。

2. 簡單地

以自己的經驗談或故事來開場，引人入勝。

3. 有自信

自信是最強戰略。反覆進行五次以上的排練，自信感會從練習中產生。

4. 自然地

就像跟五位朋友對話一樣，在發表時眼睛不要固定只盯著一個地方，要與聽眾有眼神接觸。

5. 簡短地

提早五分鐘結束發表。沒有人會想再多聽一點的。

6. 有脈絡

發表要有起承轉合，依照「序論—本論—結論」的結構發表，符合邏輯地展開。

通常發表能力好的人較稀少，
因此其附加價值更高。
透過每一次的練習確實改進，
發表能力一定會越來越進步。

4 比基準化分析更重要的是自我分析

所謂的基準化分析法（Benchmarking）指的是將自己企業的表現，與業界中的最佳指標做比較。

以個人而言，看到工作能力出色又有優秀背景的人們，對照之下可能會覺得自己的樣子很寒酸。但是，不要在意別人的視線，也不要用別人成功的標準來評價自己的成就。**成功的定義不是為了成為「別人眼中的我」，而是「我想成為的我」**。當然不是說不能仿效成功人士，不過比起以他人的成功為基準，不如試試看用自我分析來創造屬於自己的路。如果可以成為任何人都無法取代的我，那不就是真正的成功嗎？

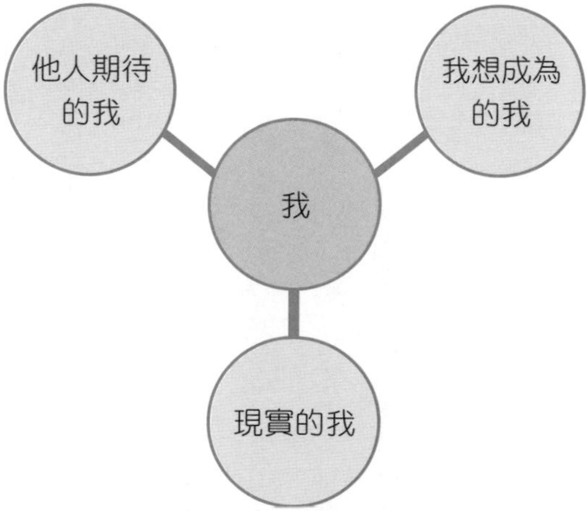

「我」的三種類型

每個國家對於中產階級的定義都有些不同。在韓國，大眾認定的中產階級是沒有負債，擁有三十坪以上的房子，月薪五百萬韓元（約十二萬台幣）以上，擁有一輛二〇〇〇毫升的自用車、擁有一億韓元（約兩百五十萬台幣）以上的存款、一年至少出國旅遊一次等等。但在其他國家有不一樣的定義，在法國，他們判定中產階級的基準是會說一種以上的外語、擁有喜歡的運動、通曉一項樂器、可以做出與眾不同的料理、幫助弱勢團體、從事志工活動等等；美國的基準是能夠光明磊落發表主見、幫助社會弱勢、抵制不法及不正當的事、在辦公桌上放置意見表並定期檢視；英國的基準則是講求公平競爭、有自己的主張及信念、不會自以為是、能保護弱者，同時願意站出來對抗不公不義及不法行為。每個國家都很不一樣對吧？

推薦你可以多看與成功相關的文章或影片，會浮現新的靈感，從中得到動力。看別人看過的書、去別人去過的地方、做別人做過的事也許會比較安心、安全，就算不是一流的人生也得繼續活下去。但是，**與其羨慕並追隨別人的成功，不如定義自己想要的成功**，尤其以畢業後的這段時間來說，若你的目標是找到工作、進入公司，那更應該趁現在認真思考一下，過去是不是一直都照著別人的成功標準過生活？希望從現在開始，你可以制定自己的成功標準，過屬於自己的生活。

真正的成功是常常開懷大笑，滿心暢快；獲得智者敬重、孩童喜愛；贏得正直評論家的讚賞，能容忍朋友的背叛；懂得欣賞萬物之美，發現別人的優點；培育健康的孩子，或是留下一片庭園，改善社會現況；在離去前讓這個世界變得比你出生前好一點；知道有一個生命因為你這一路走來而活得更幸福，那就算真正地成功了。

——愛默生（Ralph Waldo Emerson）

你該不會以為順利進入公司，一切就結束了吧？你只是站在新的人生起跑線上，從現在起應該要創造自己想要的人生。希望你可以重新定義屬於自己的成功標準，去實現沒那麼輕易達到、比以前更大的夢想。接下來爸爸提出五個問題，思考看看屬於你自己的答案吧！

✚ 想要成功，必須先回答的五個問題

1. 我現在站在哪裡？

比起人生的目的地，確認現在自己所在的座標更重要。

2. 對我來說，成功是什麼？

重新定義屬於自己的成功標準。

3. 我願意為了成功而忍耐嗎？

堅持度過黑暗，黎明必定會到來。

4. 我是具有良善影響力的人嗎？

比起獨自綻放的人生，能散播香氣的人生更美麗。

5. 我會如何死去？我現在是幸福的嗎？

現在這條路在人生中只會經過一次。

5 創造屬於自己的成功小常規

我們所做的選擇，有四〇%是在無意識的情況之下決定的，換句話說，平常的習慣很重要。試想一下，假設有一位司機經常發生交通事故，他可能會說都是因為運氣不好。但是平常開車的習慣，例如沒有保持安全距離、開太快、在開車時使用行動電話，這些習慣造成事故的機率也很高。我認為進入職場初期，若能投資自己、創造屬於自己的成功習慣，比什麼都有價值。

為了在工作上擁有專業，可以試試打造屬於自己的成功常規。爸爸先以自己為例：我每天早上起床後大約做十分鐘的伸展運動；在上下班通勤時間不滑手機，而是看書；提早十五分鐘到公司，先整理桌子並寫業務日誌；晚上就寢前用十五分鐘來冥想；星期天下午到咖啡店看書，同時為新的一週做準備；一週看一本書，週末到書店逛逛，看到喜歡的書就買回家；每天花一個小時寫作，在等人的時候看書等等，這些是我日常生活的習慣。

我在公司有一位姓申的後輩員工，他也有屬於自己的日常習慣。除了與人有約的日子之外，下班後他都會到住家附近的咖啡店，閱讀與自我開發有關的書或是看相關影片。坐在像指定席一樣的位置，每次都坐到打烊才回家。週末則是一整天都在那裡度過，他說在那裡的時間是他覺得最幸福的時間。他說有時咖啡店太吵無法集中精神，還特地為此準備了耳機。現在他除了看書也開始寫日記，可以藉此整理思緒或計劃日程，他覺得非常有幫助。看到他這樣，爸爸不禁感嘆如果我也能早一點像這樣建立屬於自己的常規就好了。

你也試著建立一個能幫助你在職場中成長、屬於你的日常小常規，怎麼樣呢？

6

空間管理與時間管理一樣重要

有美國現代文學之父稱號的馬克．吐溫（Mark Twain），能在文學領域上取得巨大的成就，可以歸因於一個小契機。一八七四年，農場主人幫他蓋了間小書房，《湯姆歷險記》就是在那裡誕生的。他通常吃過豐盛的早餐後就到書房去，關在裡頭寫作，連午飯也不吃，一直在裡面寫作到下午五點，都足不出戶。或許可以說是那個專屬的空間創造了馬克．吐溫吧！如果換個空間，也許人生就會變得不一樣。在什麼樣的空間裡度過時間是很重要的，如果希望得到成功與幸福，就應該檢視一下自己所處的空間。

英國作家維吉尼亞．吳爾芙（Virginia Woolf）的著作《自己的房間》（*A Room of One's Own*）中，揭示了處在二十世紀初期，以男性為中心的社會位階規範中，女性若要享受有價值的生活，就必須具備兩個條件，一是擁有日常生活所需一定數額的錢（五百英磅），另一個就是要擁有屬於自己的房間。放到現代社會來說，這指的不就是要具備經濟能力以及自己名下的空間嗎？有了屬於自己的物理性空間，才會擁有心靈的空間。

空間其實不用很大，對幸福的人來說，除了生活的空間、工作的空間，還有另外一個空間。美國的社會學家雷．歐登伯格（Ray Oldenburg）提出「第三空間」一詞，意謂一個可以讓人再充電的空間，氣氛好的咖啡店、書店、美容院等都可以③。第三空間所擁有的共同點是沒有制式的規格或秩序，簡約、可以聊天、出入自由，還要有食物。你有沒有一個可以帶給你舒適和安全感的祕密基地呢？爸爸的祕密基地，就是家附近的咖啡店，在那裡可以不必在意任何人的目光，讓我專注地做自己的事。

希望你記得，空間管理如同時間管理一樣重要，因為盛裝時間的器皿就是空間，唯有管理好空間才能管理好時間。裝載著我們生活的空間，對我們的幸福感有絕對的影響力，人類受環境的影響很大，人創造了空間，而空間又重新創造了人。如果想改變人生就先改變空間，不管是現在生活的空間、工作的空間、或是第三空間都一樣。不要忘了，如果想成功就必須改變空間。

✚創造屬於我的空間

1. 改變生活空間

布置家裡

整理網路空間

2. 改變工作空間

整理辦公桌

整理檔案資料夾

3. 創造第三空間

建立屬於我的祕密基地（例如：咖啡店、健身房）

建立與喜愛的人一起度過時間的固定空間

③雷．歐登伯格，《偉大的好地方》（*The Great Good Place*）。

7 提高身價的英語會話能力

某求職網站針對上班族做了一項問卷調查，主題是「自卑感」，結果發現上班族感到最自卑的項目是薪水（四八％），接著是外語能力（三五．五％），第三個是學歷（二八．八％）。

適度的自卑感對自我發展其實是有益的，但是太常懷著自卑的心是百害而無一益，因為如果無法改變，只會讓自己更傷心。但如果是努力就可以改善的事物，是不是很值得挑戰一下呢？尤其是英語（或其他外語）的附加價值很高，對員工的身價也有很大的影響。英語如果說得好，可以得到各式各樣的機會，帶來許多好處。

具有良好的英語會話能力，年薪可以提高二〇％都不為過。爸爸以前在公司擔任科長時，曾經有外商公司來挖角，當時我也很想去，但是想到自己貧乏的英語能力，又卻步了。後來雖然陸續還是有幾次機會，但每次都因為英語這個障礙而只能感到惋惜。

親愛的女兒，現在就檢驗一下你的英語會話能力吧，如果覺得不怎麼樣，建議你立刻去尋找可以使用英語對話的機會，增進自己的英語能力。這樣選擇工作時，範圍就可以大很多。

你永遠不知道機會什麼時候會突然出現，所以要事先準備好。也許有人會說，科技越來越進步，英語會話能力不再那麼重要，但是語言的價值遠遠超越單純的溝通機能，語言不只是可以接觸世界各式各樣資訊與文化的鑰匙，而且是非常重要的生活工具。雖然全世界使用英語為主的人口只有五億多人，但是有一百個以上的國家可以用英語溝通，不管去到哪個國家，幾乎都可以用英語溝通，更不用說網路語言有一半以上都是使用英語了。

如果覺得目前自己的英語會話實力還不足的話，從現在開始就要有目標地學習。對二十到三十歲的年輕人來說，以最大限度地拓展視野、增加經驗是很重要的。希望今後在職場生活中，英語不會是障礙，而是能成為你重要的武器。

8 需要為自己發聲的時刻——薪資協商

以前有個朋友曾跟我說過關於薪水的事。他在工作上認真負責，十分受到老闆的信任。有一天他突然想：「我這樣拼死拼活地為公司工作，年薪會不會太低了點啊？」剛好新來的組長找組員們進行薪資協商，他便提出加薪的要求，並放話如果公司不接受他就要辭職，結果最後以令他相當滿意的金額結束協商。聽了他的話之後，你知道爸爸有什麼反應嗎？「真是做得太～好了。」

之前爸爸還在公司時，我的團隊需要找一位組長級的研究員，當時面試了好幾位，最後終於錄取了一位，不過在談薪水時出現問題，因為他不能接受公司所開出的年薪，經過幾次調整之後，最終決定以高於原本所說的年薪支付。有許多應徵者一接到錄取通知，都說薪資就按照公司規定，就算後來進行年薪協商，大部分也都接受公司所提出的金額，但薪資協商真的要慎重考慮才是。

你的行情（身價）＝說出來可怕的（有壓力的）金額＋一〇％ ④

職業選手與業餘的差異，直接了當地說就是年薪。因為年薪是衡量一個人能力的尺標，年薪高就代表了那個人的市場價值高。韓國企業和外商公司普遍實行年薪制，政府、公家機關也會逐漸變成那樣，因為年薪制是較符合資本主義市場的制度，有能力、表現優異的人得到更高的薪水不是理所當然的嗎？

要記住，年薪協商是一年一次為自己發聲的時刻。有人會說：「只要努力工作，自然會加薪不是嗎？」這句話當然沒有錯，但並不是全部。負責年薪協商的人資在與員工

④ 參考《哈佛商業評論》（*Harvard Business Review*）二〇一七年十一～十二月號，〈向客戶要求更高費用的理由〉。

協商時，會根據薪資區間（Pay Bands）來調整，許多公司都有一定的上下限，想給工作表現出色的員工多點薪資是人之常情。

如果有兩名員工的工作成果和能力相似，那麼當下迫切要求加薪的員工顯然會是比較有利的，管理者對薪資協商的裁量權越大越是如此。但如果沒有實力，單憑能說善道的協商技術，也很難拿到好的薪資。因此首先必須提高自己的能力和成果，所以平常就要盡最大的努力取得協商的籌碼。在這裡分享幾個年薪協商時的重點（特別是離職的時候會有幫助的）。

✚ 年薪協商不後悔的五個原則

1. 不要輕易說「Yes」（Delaying）

絕對不要一開始就說「ＯＫ」，要有進行數次協商的心理準備。

2. 要先斬釘截鐵（Drive in a stake）

對於你期望年薪調整到多少，首先提出讓公司有點壓力的金額。

3. 明確提出標準和依據（Data & Standard）

將自我能力和業績成果最大程度地數據化，甚至製作成文件，用有邏輯的方式進行協商。

4. 將自己的價值差異化（Differentiation）

例如研究所學歷（學位）、英語會話能力、業績目標達成紀錄等，展現出你與同事的差異（內部比較）。

5. 過程中保持禮貌（Decency）

遵守基本禮儀，掌握現場氣氛再進行協商。

9 疲倦的身體是靈魂的苦牢

平常要努力讓身體保持在最佳狀態，如果身體疲憊，靈魂也會無法休息。在健康方面，爸爸希望你自私一點，該拒絕就拒絕，想休息時就說，要自己照顧自己的身體。健康是職場生活中最重要的也是最需要的，但是很多人都疏忽了，尤其在年輕時更是如此，總是要到健康惡化時才會覺醒。

對於健康，老子的忠告值得銘記在心，他認為：「晚年的疾病都是在年輕時召喚來的，衰退時的災難都是在繁榮的時候造成的。因此，在享受神聖與充實之際，更要特別小心才行。」健康會惡化其實是一段時間累積而成的，同樣的道理，恢復健康也需要時間。身體健康要在身體「還」健康時照顧好才行，為了工作而忽略自己的身體健康是不明智的。

每個人都在名為「人生」的這張畫紙上描繪著，只有把「肉體」這塊木頭好好削磨，才能出現名為「靈魂」的堅韌鉛筆芯。希望你可以每天用心去磨練身體，努力塑造出健康有魅力的身體吧，不要讓靈魂彷徨無依。

✚ 大家都知道，卻很容易忽略的健康管理法

・保持適當的睡眠時間（一天七到八小時）。
・三餐不要錯過，要定時定量地吃。
・隨身攜帶水壺，隨時補充足夠的水分。
・遠離菸、酒等對身體不好的東西。
・找個一輩子都喜歡的運動。
・覺得壓力大的時候，就去散散步。
・維持適當的體重。

・保持清潔。
・寫日記。
・結交好朋友。
・留時間冥想。
・睡前二到三小時不要吃東西。

平常要努力讓身體保持在最佳狀態，

如果身體疲憊，靈魂也會無法休息。

10 不挑戰的人生更危險

親愛的女兒，韓國的無數年輕人像僵屍一樣，在各種考試、證照、取得認證分數中度過自己的黃金時光。在以色列，父母普遍會勸孩子創業多過就業；在中國，彷彿要複製另一個矽谷一樣，大學生的創業熱情高漲；在美國，聰明的學生也是創業多於就業。

我擔心韓國的年輕人，在應該勇於挑戰、熱血沸騰的年紀，卻過早追求穩定，將自己關在框架裡。如果是因為害怕、不確定，而耽溺於安全感的話，那跟老人有什麼兩樣？不如勇於嘗試新的挑戰，不挑戰的人生或許很安全，但日後必定會後悔。美國政治家班傑明・富蘭克林（Benjamin Franklin）曾說：「有的人死於二十五歲，葬於七十五歲。」希望你記住這句話，青春取決於人的心態。

在《中庸》中有一句爸爸最喜歡的句子：「人一能之，己百之；人十能之，己千之。」意思是不要用自己能力不足為藉口，不要為自己設限，如果你不挑戰，永遠不知道自己的潛力在哪裡。希望你每天都能努力，度過剛進公司的這段新鮮人時期。與其煩惱自己有沒有與生俱來的才能，不如倚靠自己的努力，將來才不會後悔。

11 要像竹子一樣怎麼搖都不會斷

據說竹子播種後，前四年的成長變化非常微小，到第五年才會開始快速長大。竹子長得那麼高大，在大風大雨中不管怎麼搖晃都不會折斷，那都是多虧了竹莖上的「節」。據說如果天氣不好或水分不足，竹子就會停止生長，「節」會生成，也就是在惡劣天氣時，它們會積蓄力量，等到天氣好時迅速生長，如此反覆，使竹子長得筆直、不彎曲。

你是不是總覺得很辛苦呢？那麼，就把現在當作是人生節骨的生長期吧！總要經過一段緩慢的時間，節骨才會成長得更堅固。

據說孔子死時手中握著一本書，就是《周易》，那本書上綁的皮繩已經斷過無數次了，可見經常被翻閱。爸爸想告訴你那本書中的兩句話，希望你記得，遭遇困難時可以自我勉勵。一是「窮則變，變則通，通則久」，就算現在窒礙難行，還是要尋求變化、強化優點、補足弱點，讓自己變得強大。人遇到困難時才會真正產生力量，就把這段困難的時期想成你正在創造屬於自己的精彩故事。另一句話是「君子以獨立不懼，遯世無悶」，意即人在孤獨中會看見更廣大的宇宙，成長得更快。

在職場生活中遇到壓力或感覺辛苦時，不如給自己一段獨自享受的時間，怎麼樣？這也算是一種「沉潛」。可以去逛逛街，去書店裡翻翻書，也可以彈彈吉他或鋼琴，坐在咖啡店的一角聽音樂或看書，或是去熱鬧的市場逛逛，要不然去運動流汗也很好。爸爸通常會到附近的公園散散步，或到二手書店去逛逛。書店裡特有的書香很迷人，不知道從什麼時候開始，我發現寫作也很吸引我，寫著寫著不知不覺時間就過去了。

身邊還有一些人的例子，與你分享：我的同事 A 每天早上會給自己半個小時的閱讀時間，看到不錯的句子就寫下來，甚至背起來；同事 B 中午吃過飯後，會一個人獨自到公司附近的小公園散步；同事 C 下班後就立刻到公司對面的健身房報到；同事 D 在睡覺前會閉上眼睛回想一天發生的事，透過冥想為一天畫下句點。

女兒啊，你能夠享受孤獨嗎？只有自己一個人的時候你會怎麼度過呢？如果還沒有過這種體驗的話，爸爸強烈推薦你試試看，給自己一點獨處的時間。

12 屬於上班族的讀書法

《世界日報》曾調查分析某間信用卡使用者的消費數據，其中發現一個有趣的結果。在年輕人當中，書籍閱讀量的多寡，與信用卡消費金額並沒有太大的關聯。但是五十歲以上的使用者，書籍閱讀量越多的人，在信用卡消費金額上，平均比閱讀量少的人多了二倍以上。⑤當然也有人習慣去圖書館借書，但或許可以藉此推測，隨著年齡增長，閱讀量較多的人成為富人的可能性就越高。

湯姆・柯利（Tom Corley）在其著作《富人習慣》（*Rich Habits*）中提到，有

⑤《世界日報》，〈喜歡閱讀的人是富翁？——大數據分析結果〉，二〇一八年九月。

八八%的有錢人，每天花三十分鐘以上的時間看書，但窮人卻不到二%。想成為有錢人嗎？那就多看書吧！對於初入職場的你，爸爸強烈建議你多看書。

爸爸之所以會跟書本親近是有個契機的。大學時，有一次我到學長的租屋處去，當時受到了衝擊，因為學長房間裡有一整面牆全都堆滿了跟東西方思想相關的書籍。從那時起，爸爸便開始買書來看了，因為口袋裡沒什麼錢，多半都是到舊書店購買，零用錢幾乎都花在買書上了。剛開始我還做了一張必讀目錄，照著目錄買書。看到塞得滿滿的書架，心裡就覺得很滿足，就這樣開始一本一本地拿起來細細閱讀。

書房裡放的不僅是某人一生收集的書，更是將一個人的喜好具體化的地方。美國作家托馬斯．溫特沃斯．希金斯（Thomas Wentworth Higginson）曾因家中書架不夠而找了木匠來，木匠看到他家那麼多書便問：「這些書你真的全都看過了嗎？」托馬斯反問：「你工具箱裡的工具全都用過了嗎？」當然沒有，工具是為了將來有一天可能會需要所以先準備著，所以書房不是為了存放看過的書，而是為了對應將來需求而準備的工具箱。

——達米安．湯普森（Damian Thompson），
《愛書成家》（*Books make a home*）

多讀書對職場生活有很多助益，爸爸在剛開始從事人才開發領域的工作時，也買了許多相關的書籍來學習。日後每當工作上遇到問題，就會去翻閱相關領域的書尋找解決之道。

女兒，在職場生活中如果遇到問題或困難時，尋求朋友的建議、自己從書中找答案，都是很好的習慣。事實上閱讀跟幽默感、外語、旅行一樣，都是爸爸希望傳給自己孩子的遺產。

不過進入社會之後，閱讀的方式就跟學生時期不一樣了，應該超越知識、娛樂，閱讀目標明確的書籍。確定自己感興趣的主題，再深入閱讀。養成閱讀的習慣是最好的自我開發。

進入社會之後，

閱讀的方式就跟學生時期不一樣了，

應該超越知識、娛樂，閱讀目標明確的書籍。

✚上班族的六大讀書法

1. 一本書讀好幾遍

人只見一次面是無法了解對方的，書也一樣，只讀一遍很難發現其真正的價值。

2. 閱讀時要一邊思考一邊批判

就像細嚼慢嚥可以幫助消化一樣，看書時也要細細思考、咀嚼。

3. 不要浪費時間去看壞書或是雜書

內容不好的壞書比壞朋友危險，雜書看了使人昏昏欲睡、判斷不清。

4. 不是用眼，而是用手閱讀

閱讀時要在書上處處留下痕跡（例如：筆記、劃線）。

5. 建立屬於自己的書房

比起用金錢堆砌大房子，用書填滿生活空間更好。

6. 只有寫成文字才能成為自己的東西

光閱讀是不夠的，要透過寫作訓練產生自己的觀點、整理思緒。

✚ 選擇好書的方法

- 閱讀適合自己和取向的書。
- 建立自己的必讀書目，確實執行並持續更新。
- 閱讀驗證過的經典。
- 閱讀關於普遍價值的書。
- 閱讀對人類有影響的書。
- 閱讀專家或作家推薦的書。
- 閱讀具有權威或專業的作者寫的書。
- 比起即時暢銷書，長期暢銷書更好。
- 如果可以，盡量找出自原典的書。

・翻譯書應該確認譯者的專業領域。

・可以參考有公信力的機關推薦的圖書目錄。例：《時代》雜誌評選二十世紀好書一百卷、《一生的讀書計劃》（*The Lifetime Reading Plan*）所推薦的書等等。

爸爸的建議

不知道該看什麼書時

＊想要掌握人生的方向與原則（Purpose）

- 《聖經》，既是人生的指針，也是幫助他人的方法。
- 《周易》，宇宙與人生的法則。
- 《種樹的男人》（*L'Homme qui plantait des arbres*），讓·吉奧諾（Jean Giono）著。

＊想要培養成熟的態度與人格（Personality）

- 《論語》，孔子著，充滿修身養性的智慧，守己治人之道。
- 《明心寶鑑》，修煉人格的方法。
- 《自尋幸福之人——愛默生語錄》（스스로 행복한 사람），愛默生著，如何以高尚人格生活的方式。

＊關於人際關係的決斷與判斷（People）

- 《韓非子》，韓非子著，了解人心的處世之道，改變他人的方法。
- 《老子道德經》，老子著，掏空的智慧。
- 《卡內基溝通與人際關係》（*How to Win Friends & Influence People*），卡內基（Dale Carnegie）著，待人處世的學問。
- 《給予》（*Give and Take*），亞當·格蘭特（Adam Grant）著，給予者才是贏家，待人關係之道。
- 《影響力》（*Influence: Science and Practice*），羅伯特·席爾迪尼（Robert Cialdini）著，說服他人的方法。

＊希望透過工作取得成就（Performacne）

- 《孫子兵法》，孫武著，從別人那裡獲得想要的東西、在競爭中戰勝對方的方法。
- 《先問，為什麼？》（*Start with Why*），西蒙·斯涅克（Simon Sinek）著，做決策的方法。

- 《金字塔原理》（*The Minto Pyramid Principle*），芭芭拉・明托（Barbara Minto）著，有邏輯的文書寫作方法。
- 《投入》（몰입），黃農文著，在日常中深入思考的方法。

＊自我開發和管理的方法（Professional）

- 《徜徉在塔木德之海》（*Swimming in the Sea of Talmud*），邁克爾・卡茨（Michael Katz）、施瓦茨・格爾紹（Gershon Schwartz）著，智慧的生活方式。
- 《杜拉克精華》（*The Essential Drucker*）、《杜拉克談高效能的五個習慣》（*The Effective Executive*），彼得・杜拉克著，專業人士自我管理的方法。
- 《富蘭克林自傳》（*Autobiography of Benjamin Franklin*），班傑明・富蘭克林著，自我管理的方法。
- 《活出意義來》（*Man's Search for Meaning*），維克多・弗蘭克（Viktor Frankl）著，生命的重要性。

第二章　關係

沒有什麼比關係更重要

People

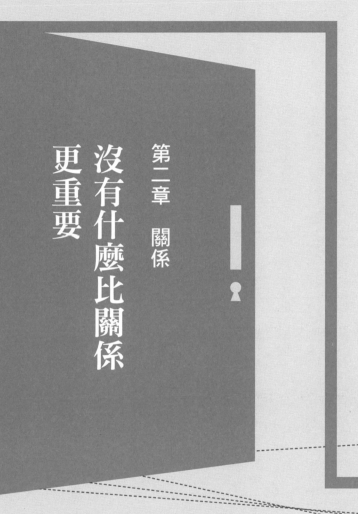

13

別因為工作而打壞了關係

每個經歷過職場生活的人，在回顧過去時，難免都會有幾次後悔的瞬間，爸爸也是如此。現在想想其實也沒什麼，不過當時卻為了一點利益而和別人斤斤計較，爭得面紅耳赤，想到那些因此而疏遠的人，心裡就覺得非常懊惱。

「選人好？還是選工作？」當這種苦惱的時刻到來時，爸爸希望你盡量選擇人，這麼做至少將來不會那麼後悔，因為要恢復一段錯過的關係，遠比築起一座城堡還難。就算當下感覺自己好像受到損失，但以長遠來看其實並沒有那麼嚴重。人比事情重要多了，事情隨時可以挽回，人卻不行。

剛進公司的新進職員，若與前輩打好關係的話，就算工作能力不那麼突出也能獲得好評；相反地，不管工作做得再好，如果與前輩處不好的新人，就很難獲得好評價。女兒，你現在會不會覺得跟某個前輩一起工作、相處很辛苦？或者有的同事不能理解你，讓你覺得很難過？你要記得，**比起工作，錯過人會帶來更大的損失。**

✚ 在職場生活中留住人心的守則

- **不露聲色的讓步**

  就算自己會有所損失也不要傷了對方的心，可以適度地讓步。

- **從守護關係的角度來判斷**

  有些事不現在做也沒關係，但人如果當下錯過就很難挽回了。

- **對他人的缺點睜一隻眼閉一隻眼**

  不管再怎麼討厭對方也不要去揭人短處。

「選人好？還是選工作？」

當這種苦惱的時刻到來時，盡量選擇人。

因為要恢復一段錯過的關係，

遠比築起一座城堡還難。

14 成為有智慧的軟柿子

職場中有各式各樣的人，我認為最後會成功的人是懂得「給予」的人，也就是會照顧別人的人。雖然當下看起來好像是吃虧了，卻能讓別人留下好印象；相反地，當下得到利益的人看來是拿到了好處，但從長遠來看卻可能失去人心。

「活得傻一點。」這是爸爸國中的英文老師在最後一堂課送給我們的話，隨著年齡增長，再回想這句話就越來越有同感。《給予》（*Give and Take*）一書的作者亞當・格蘭特（Adam Grant），依照給予及獲得的多寡，將人區分成三種類型：給予比獲得多的「給予者」（giver）、獲得比給予多的「索取者」（taker）、以及為了可預期的好處，願意付出相對代價的「互利者」（matcher），人們原則上會選擇這三種類型中的一種方式，做為自己職場的生活方式。

在人際關係中，歸根究柢是給予者贏的機率較高，隨著時間過去，給予者的身邊會留下好人，那些人的能力和地位越高，人脈的力量就越強大。而常常付出的人也會讓別人留下好印象、贏得好的評價。試著成為一個願意幫助別人，而且可以從中獲得成功和幸福的人吧。

在《孫子兵法》中，提到常山有一種名叫「率然」的蛇，並用來比喻戰鬥中的陣法。如果攻擊「率然」的頭部，尾巴就會來救應；打其尾部，頭就會來救應；如果攻擊腰部，頭尾會一起來救應。不管對方使出什麼手段，我們都要像「率然」一樣不退縮，敏捷而勇猛地對應。就算被當成只會付出的傻子也無妨，但要記得時時保持警戒，不要被看輕。

✚ 不被看輕的方法——「率然」

・**不退縮**

眼神不要飄忽。

說話不要含糊不清。

・**敏捷**

拒絕時明確表達。

做錯時明快承認錯誤。

・**勇猛**

不要顯露弱點。

謙遜並適當地表現自己的長處。

15 Know-who更重要

在職場中，新進職員得到前輩親切指導的機會並不多，大部分還是要靠自己領悟。一般來說，新進職員要熟悉業務，工作表現足以相稱自己的身價，差不多需要一年時間。要成為有價值的新進職員就要花時間努力，累積業務的「Know-how」，不過更重要的是知道去哪裡找資訊的「Know-where」，以及知道誰能夠正確傳授資訊，也就是「Know-who」。

找到單位裡最受讚賞、工作表現最好的人，學習他們的工作技巧，就能縮短你熟悉業務的時間。最好是直接向對方請求幫助，可以說：「前輩的企劃能力真是太突出了，我很想成為像前輩一樣的人，可以請你透露一點祕訣嗎？」像這樣讓前輩聽了會心情好甚至會臉紅的話，當然還要有真誠學習的心。還有比直接學習最佳做法能更快適應工作的訣竅嗎？如果前輩在人格方面也很優秀，那就更幸運了，因為說不定還可以得到業務以外的好建議。

《孫子兵法．始計篇》中提到，優秀的將軍必須具備「智、信、仁、勇、嚴」這五個特質，套用到現代社會，可以把這視為一個優秀領導人的條件，也可以當成你在選擇學習對象時的參考。你可以依照以下的順序來評斷對方是否為好前輩，比起勇敢、嚴厲，我更推薦你找尋有智慧、可靠、仁慈的前輩，越親近的話，就越能發現對方的智慧。

✚ 區分好前輩（或領導人）的基準

- **智（wisdom）**

  有智慧並具有傑出判斷力。

- **信（sincerity）**

  能帶給人信賴感。

・**仁（benevolence）**

有慈悲心，懂得替別人著想。

・**勇（courage）**

勇於面對難關。

・**嚴（strictness）**

原則和紀律很明確。

16 建立專屬自己的顧問團

親愛的女兒，很多時候你會發現職場生活並不輕鬆。如果遇到那種時候，通常會先找父母或朋友商量，不過不要將我或他們的建議照單全收，因為親朋好友的判斷通常都帶有比較多情感的成分。胳膊總是會往內彎，我的孩子、我的朋友遇到困難，我當然要站在他那一邊。

比起過去，更要去親近可以提醒你未來的人。

——丹·沙利文（Dan Sullivan），美國參議員那麼你會問，應該要找誰談呢？你可以找公司裡三、四個比較了解你、與你比較親近的人，如果是工作經驗豐富、個性積極、對未來有想法的前輩就更好了。建議你建立一個可以在職場生活中提供幫助的顧問團，就像要攀登喜馬拉亞山的人都知道，必須有雪巴人擔任登山嚮導，是一樣的意思。爸爸在做重要決定之前，也會去找熟悉的前輩請教意見，因為他是比任何人都為我著想、會為我祝福的人。與一個有智慧的朋友或前輩對話，得到的收穫也許勝過讀好幾本書。

當你在選擇顧問時，要像古代的帝王在選擇大臣一樣，必須慎重並且眼光要高。在戰國時代初期，魏國有一套遴選宰相的原則，以協助國家成為強國，叫做「識人五法」。當時魏文侯向很有能力的宰相李悝請教，想要從兩名候選人當中拔擢一人當宰相，於是李悝告訴魏文侯選人的原則，再請魏文侯自己做決定，那個原則就是「識人五法」，這五項用人原則也可以說明為什麼當時魏國會那麼強盛。這個原則不只在選擇學習對象時適用，在交朋友或平常與人接觸時都可作為參考。

居，視其所親：看一個人平常都與誰在一起。

富，視其所與：看一個人如何支配自己的財富。

達，視其所舉：一個人處於顯赫之時，要看他如何提拔部屬。

窮，視其所不為：一個人處於困境時，要看他操守如何。

貧，視其所不取：人在貧困潦倒之際，要看他是否貪取不義之財。

平時就可以觀察周圍的朋友，看他富有時願意幫助別人什麼，就可以知道他的心；看他選擇的人就可以看出他的辨別力；看他遇到困難時如何解決就可以看出他的根本；看他貧困時也不沉淪就知道他的自尊。

女兒，每當遇到人生中的重要時刻，都希望你能建立一個對你有幫助並且可靠的顧問團。

你可以找公司裡三、四個比較了解你、

與你比較親近的人，

建立一個可以在職場生活中提供幫助的顧問團。

17 一個總是站在我這邊的人

朴職員進入公司已經六個月了，在進公司初期，她總是面帶笑容，得到許多前輩的喜愛，但是在連續幾天的加班之後，再看到她，黑眼圈都已經擴大到下巴了，工作量大增，體力也下降，漸漸地她的自信心也下降了。剛開始時，每到週末就會跟朋友見面，順便疏解一下壓力，但是情況並沒有改善，反而累積了更多工作，這樣循環下去，職場生活變得越來越辛苦，所以她最後無法忍受，動了離職的念頭，只好去找組長面談。

一般上班族想離職的理由很多，不過大概可以歸類出兩個共同點，可能是因為有個讓心靈受到傷害的「那個人」，不然就是沒有一個可以敞開心房說話的「那個人」。一起工作的人很多，但通常在需要做決定的瞬間，我們會回到自己一個人。朴職員心裡一定有很多話想說，卻找不到人傾吐。想想真是可憐，公司人那麼多，卻沒有人可以聽自己說話。

職場生活要過得有智慧，其中一點是要找到一個能讓自己想說什麼就說什麼的人。也就是你有煩惱時，不管什麼時候都可以聽你說話的人。不在同一個部門也好，那樣會更自在。**有時真的只要有個人能聽我說話就夠安慰了，不必刻意去找很多人，這種人只要有一個就足夠了。**

一九五五年在夏威夷的考艾島（Kaua'i）有八百三十三名孩子出生。某個宗教團體以那些孩子為對象，進行大規模的心理學研究。八百三十三名新生兒中，二百零一名出生在高危險家庭環境中，研究小組認為，因為家庭環境不好，那些孩子長大應該會成為社會適應不良者。然而結果卻打破他們的判斷，二百零一名孩子中有三分之一、也就是七十二名孩子長大後，成為比富有家庭中長大的孩子更具有道德感，同時更成功的人。他們沒有父母的經濟支援，成長過程一直在失敗和挫折中打轉，卻成長為優秀的人。研究小組發現那七十二名孩子有個共同點，就是不管何時、遇到何種狀況，在他們身邊都有願意相信他們、無條件愛著他們、照顧他們的人。有的是祖父母或親戚，有的是鄰居、老師，即便只有一個，但必定是那些孩子的成長過程中，不管何時都會和他站在同一邊的「那個人」。

——丹．扎德拉（**Dan Zadra**），《五：五年後你會在哪裡？》（*5: where will you be five years from today?*）

✚如何建立有智慧的人際關係

- **親近值得學習的人**

能在職場中遇見對自己的成長有幫助的前輩是很幸運的事。

- **不管再怎麼親密也不要輕易肝膽相照**

比起弱點，盡可能強調優點，今日親、明日敵。

• **要小心爛蘋果**

交友時要注意，不好的種子很快就會傳染，近墨者黑。

18

比擁有一百個支持者更重要的事

在職場待久了難免會遇到自己不喜歡的人，如何與自己不喜歡的人相處，這有時意外地會對職場生活品質有很大的影響。就像手指被微小的刺扎到，不管刺再小，還是忍不住會在意那個地方。

在職場生活中如果可以，最好不要樹立敵人，這是很重要的。以前我的公司裡有位朴職員，因為公司組織變動，他被分派到新單位，與高組長共事。但是他跟高組長似乎處不來，這點讓他很苦惱，甚至嚴重到根本不想碰到面。有一天高組長因為一點小事斥責了他，他當場也毫不掩飾地露出不高興的表情，結果讓兩人的關係更加惡化。從那次之後雙方沒有再對話，越來越生疏，關係持續惡化到再也無法恢復了。很快地，三個星期之後這位朴職員就離職了。

仔細想想，我們一輩子可以親密共處的人真的是屈指可數。這輩子遇見的人，有絕大部分都只是過客而已。人生，比起跟親密的人一起度過，該怎麼與其他人相處也是很重要的課題。與親密的人相處時，通常不會在意太多，因此，要如何跟自己討厭的人相處才是重點。難怪電影製片人塞繆爾・戈德溫（Samuel Goldwyn）曾說：「人生中九〇％的技術，都是為了跟我不喜歡的人相處的方法。」

爸爸在職場工作時也常常遇到心意不相通的人，其中有為了自己利益而不惜扭曲事實、誣陷別人的人。我曾經氣到與對方爭執，也曾向直屬上司透露心中的委屈。但大部分那種狀況過去後我都會後悔，當下不應該發那麼大的脾氣，因為錯過的關係很難恢復，而人總是很容易在其他地方再度相遇。

雖然朴職員不喜歡高組長，但實在沒有必要表現出來，之後的情況只會對朴職員不利。公司其他部門的主管也都因為高組長，對朴職員有不好的印象，而這也成為他要離職時的絆腳石，因為他打算去的新公司打電話向高組長查核朴職員的資歷，結果可想而知。不管遇到什麼樣的前輩，如果成為敵人，失去的一定會比得到的還多，所以與人相處時一定要慎重。到哪裡都可能會遇到像瘋子一樣的主管，但比起找一百個站在我這邊的人，或許少樹立一個敵人會好得多，這點一定要記住。

19 看不見的履歷

「某某某是怎麼樣的人？可以老實告訴我嗎？」成為管理者之後，開始會接到不少其他公司的人事部或人資來電，查核曾一起工作的員工的資歷。通常他們問的問題主要都是這個人的態度、人際關係、工作狀況等等，可想而知，如果離職時走得不漂亮會怎麼樣。我的意思是，離職時不要像以後永遠不會再見面一樣，背著同事或前輩離開，這在未來可能會成為意外的隱患。

根據求職網站調查①，不分行業別，離職者的職等以一般職員居多，有五七．四%，組長級的占二三．七%，管理職則占一一%。而招聘人員在進行資歷查核時，從應徵者前雇主那裡聽到最多不好的評語是「沒有禮貌」，占二二．三%。重點在於招聘人員聽到這樣的評語後，有五〇％會對應徵者扣分，有四三・三％則是直接淘汰該名應徵者，只有六・七％的招聘人員認為不禮貌這件事沒有影響。

評價都是別人寫的，就像是看不見的履歷，比起看得見的履歷，有時會發揮更大的影響力。離職時有幾項禮節是必須遵守的，包括業務交接時要正確、確實，讓業務空白期降至最小化，同時必須考量到同單位人力及組織狀況，協調好離職時間，如果能留點時間先告知同事最好。在離開之前確實做好自己分內的工作是基本的，萬一手邊有進行中的專案或業務，能夠在離職前完成最好。當然，離職之後，對公司的專案和相關資訊都必須保密才行。

✚ 離職前要注意的六件事

1. 不要憑著一股衝動，沒有考慮就丟辭呈

在確定好下一個工作之前，先不要向公司透露離職訊息。

① EDAILY 網站問卷調查「最差勁的離職方式是？」，二〇一八年五月。

2. 先調查好下一間公司

盡量透過各種管道，了解下一間要去的公司，例如內部文化、一起工作的人如何等等。

3. 比起年薪，確認每年的調薪比例更重要

一定要確認每年調薪的幅度。

4. 先通知直屬主管

通常一起同甘共苦過的主管對於離職者最不捨也最支持。

5. 和解後再離開，背影會讓人記得許久

在離開之前跟關係不好的人和解。

6. 表示感謝

一定要向工作期間曾經幫助過我的人道謝。

✚ 離職後要做的三件事

1. 到新公司第一個月最好不要遲到。
2. 掌握新公司的核心人物（key man），建立良好的印象。
3. 盡快展現工作能力。

20 面對「職場政治」的姿態

韓國人習慣用「職場政治」來形容公司組織內階級關係的運作。社會新鮮人也許會說：「政治不是上面主管們的事嗎？」「政治？那個不太好不是嗎？」「我才不要搞什麼政治呢！」你也是這樣想嗎？懂得運用職場內的「政治」手腕雖不是必要條件，但在職場生活中多少還是會需要。

公司裡一定有這樣的人，工作能力不怎麼樣，但是在前輩眼中卻有很好的印象，雖然有時會出點差錯，但沒有人會一直指責他。在公司裡若想求得升職的機會，工作能力是基本條件，此外，在「職場政治」中維繫好關係也是基本的，適當的運用政治手腕對職場生活有些幫助，有時對前輩一點小小的恭維，會讓工作更順利。

在職場要取得前輩的好感必須運用智慧，進入一個部門時要先掌握好狀況，找到可以在工作上給你幫助的人。當然不是要一味討好對方，不過平常如果可以留意一下前輩的一些習慣，給予適當的回應，至少不會有什麼損失。前輩的個性、興趣、人脈、口味、習慣等，平常就要留意，遇到合適的機會就可以適度發揮。比如說前輩喜歡喝熱美式，那麼有時就可以先開口問：「要不要喝杯熱美式呢？」這沒什麼大不了的，了解前輩的喜好或是忌諱，適時靈活的運用，就可以減少自己的失誤。往後工作上即使只是完成一點小成果，也會讓人印象深刻，得到「這個員工真是不錯」的好評價。

努力做好上級交付的工作固然很重要，不過在努力之餘，也要適度讓別人知道你的付出。像我認識的一個沈職員對職場政治就很有概念，「金科長，我昨天盤點庫存，然後把東西都整理好，很晚才回家，所以今天想早一點下班。」他並沒有因為前輩未能主動發現他的努力而感到心裡不痛快。下午三、四點，精神無法集中時，他又去找金科長說：「請我喝杯咖啡吧。」一趁著喝咖啡聊天之際，把工作時的苦惱或困難說出來，科長也適時給沈職員建議與支持，不只教導業務上的祕訣，休假時也會幫忙協調工作。如果沈職員不適時表現的話，可能就得不到前輩的反饋了。

✚ 自然而然讓前輩開心的表現法

- **偶爾主動買咖啡或飲料**

「有時也讓我請您喝吧，不然每次都是您請客。」

- **關心前輩換髮型或服飾上的小變化**

「這個髮型很適合您呢。看起來不錯喔！」

- **前輩個人的婚喪喜慶要照顧到**

「祝您生日快樂！」

生日、紀念日、喪禮等，尤其是喪禮或事故等一定要關心。

- **即使只是用說的也要認可前輩的功勞**

「這都是多虧了科長，如果沒有科長幫忙不會這麼順利。」

- **要稱讚前輩**

「組長是刀子嘴豆腐心，看起來好像漠不關心，私底下卻很照顧後輩。」

- **盡量在聚會場合待到最後**

「我喜歡聽您說話。」

- **迎合前輩的喜好**

「那本書我也看過，我最喜歡的是某某部分。」

21 了解陌生星球上的其他世代

下個世代應該要自然而然接受現在這個世代累積的艱苦勞動及犧牲，而接下來他們要站在前輩的肩膀上做出最高的努力和奉獻精神，作為下一代的基礎。②

——彼得．杜拉克

西方在十八世紀後半葉開始了第一次工業革命，到最近的第四次工業革命以來，已經經過了二百多年，這期間的社會發展和變化都極為快速。因此，現今各個世代的人，生命週期和經驗都不同，差異很大，在社會、職場、家庭中會面臨世代差異和矛盾等問題是理所當然的。

如果說傳統的一代為戰後荒廢的國家奠定了基礎，那麼嬰兒潮的一代便引領了產業化的階段。③若說X世代打開了民主化的大門，那麼千禧世代便是第四次工業革命的先鋒了，而很快地，Z世代就會接下棒子。為了履行世代賦予的使命，每個世代的人作用都不同。公司是眾多世代聚集在一起的地方，所以對於不同世代、擁有不同經驗的人，我們當然需要更多的理解與認同。

各個世代經歷了不同的歷史事件，因為經驗不同，價值觀自然會產生差異。世代與階層之間獲取新資訊的技術差距也越來越大。個人主義加快遠離權威的速度，世代之間因為數位落差（Digital divide）也衍生了新的問題。加上近來出生率下降、高齡化、人口減少，使得小家庭和一人家庭增加，各個世代之間的溝通機會明顯不足。

但越是這樣我們越需要努力理解「世代間的不同」，因為**成熟的關係是從理解對**

②彼得．杜拉克，《杜拉克談高效能的五個習慣》。

③宋虎根，《他們無聲的哭泣》（그들은 소리내 울지 않는다）。

方、換位思考等努力開始的。你聽過「以聽得心」嗎？意思是「藉由傾聽別人的話來獲得對方的心」。傳說中國古代魯王派人捉了一隻從沒見過的海鳥，供養在皇宮中，用山珍海味款待，但是那隻海鳥非常傷心，什麼都不吃，不過才三天就死了。這故事告訴我們，不管再怎麼示好，如果沒有從對方的立場著想，那也是徒勞無功。以聽得心是每個世代的人都需要具備的心意。

看到現在的年輕人，爸爸身為前一個世代的人真的感到很抱歉，似乎沒有留給你們一個更好的工作環境。感覺公司好像還停留在工業時代的文化和工作方式。看到剛進公司的那些後輩們，連我都覺得好辛苦。公司這種地方，應該是那些曾在半地下室、頂樓加蓋、出租雅房裡苦讀的年輕人，實現夢想的美麗基地才對啊。

對新進職員來說，公司就像一顆陌生的行星，而對於老一輩的員工來說，新進職員就像外星人一樣，但越是那樣，我們就越需要理解彼此才是。

我們需要努力理解「世代間的不同」，
因為成熟的關係是從理解對方、
換位思考等努力開始的。

✚ 各世代的特性

・**千禧世代（一九八〇～二〇〇〇年出生）**

提問者：問題意識強，好奇心強。

急性子：受網路影響，性格比較急躁。

學習者：具有強烈的自我開發欲望。

最新技術熟練者：可以迅速熟悉並掌握新技術。

意義追求者：希望一切都有明確的邏輯。

現實主義者：比起未來，更關心現在的幸福。

成就主義者：習慣稱讚，成就導向。

・**X世代（一九六五～一九七九年出生）**

Digilog：數位（Digital）與類比（Analog）的合體字，意指同時享受兩者。

獨立主義者：不喜歡被干涉，較獨立自主。

文化先導者：受惠於工業化的世代，是用文化填補理念空白的一代。

平衡：注重工作與生活的平衡。

- **嬰兒潮世代（一九四五～一九六四年出生）**

教育熱情高漲的家庭主義者：對奉養父母及教育子女議題很關心。

勤勞主義者：壓縮增長工業化的主力，對工作很忠誠。

穩定追求者：經歷巨變的時代，以穩定為導向。

仲裁者：接在傳統一代之後，是前後世代的橋梁。

22

心裡也要有個乾淨的洗手間

這是我從進公司沒有多久的後輩那裡聽到的事。公司同事一起聚餐時，有同事因為覺得公司生活很辛苦而忍不住哭了出來。雖然已經適應一段時間了，但看來還是很辛苦。當然每個部門、每個人的狀況不同，不過主要原因應該還是那些受老人文化和權威束縛的前輩吧。公司對新進職員的要求也很嚴格，因為起跑線就不一樣。最讓人感到氣悶的是，再怎麼痛苦也不能輕易表現出來，尤其遇到對後輩不友善的前輩時，更是不能流露情緒。遇到這種狀況到底該怎麼辦呢？

不知道你有沒有過這種經驗，當內急時偏偏附近所有洗手間的門都鎖住了，該怎麼辦？反過來，也可能在急著找洗手間時，剛好最近的一棟大樓裡就有，而且一進去發現洗手間不僅乾淨還飄著芳香，這種時候心裡是不是覺得萬般感恩？我們也為路過的旅行者準備一個乾淨的洗手間，讓他能自在放鬆一點怎麼樣呢？在職場生活中，就算前輩或後輩員工傷害了你，也不要太介意，在心裡設置一個乾淨的洗手間，對職場生活會有幫助的。如果有人讓你覺得不舒服，就對自己說：「在洗手間裡放鬆一下再走吧。」那麼心裡就會覺得好過一點了。

在職場生活久了，心裡也需要鍛練肌肉。**要學會從他人那裡保護自己，管理感情，巧妙地自我抒解**。遇到沒禮貌的前輩說些不好聽的話時，就在心裡說：「不好意思喔，因為我是人，所以你說的話我無法理解。」不要在意對方的話語。不要讓無禮的言語傷害你的靈魂，因為你的靈魂是很珍貴的。

23 上等魚生存方法

李職員進入一間中小企業擔任電話行銷工作，剛好被分發到面試時見過的金副總的團隊工作，不過第一天上班時，卻發現金副總跟他在面試時見到的判若兩人，因為他正好在金副總的辦公室外，聽到副總大聲臭罵業績不好的組長。中午休息時間，李職員跟幾個年齡差不多，但比他先進公司的員工一起去公司附近的漢堡店用餐，在用餐時一直聽到他們說著對公司的諸多不滿，李職員感到很意外，上個週末朋友們還恭賀他找到工作，今天早上開開心心地進公司，但此刻卻萌生了辭職的念頭。

要看一個人的品格，可以從他嘴裡說出的話來了解，我們說出去的話就像是我們靈魂的影子。從說話的習慣、談吐可以衡量對方的人格，因為那些話語就足以代表那個人的層次。在公司裡也一樣，要知道那個部門的水準，可以從部門主管的談吐、職員私底下談話的水準來探知。組織文化跟組織的歷史一樣，都是隨著時間累積創造的。人們過去所說的話，也許就是在預言今日也說不定，所以絕對不能隨便信口開河。

李職員雖然覺得很痛苦，但還是堅持努力地繼續工作。六個月過後，他接到曾一起共事、上個月離職的成組長聯絡，成組長到了一間新的物流公司，並推薦他過去擔任總務組的正式職員，因為他觀察到李職員擁有積極向上的工作態度，跟其他年輕職員不同。二個星期後，李職員便跳槽到那間公司去了。

職場生活中要注意不要隨便說公司或其他同事的壞話，因為那就像站著吐口水一樣，可能會吐到自己腳上。如果公司的氛圍真的讓你很不喜歡，或許安靜地辭職會比較好，也許一開始進那間公司就不是正確的決定，就像上等魚是無法長期在二、三等的水裡生活的。

✚上等魚在三等水裡存活的方法

- **不要成為劣質的種子**

那樣對任何人都沒有幫助，還會為自己的聲譽帶來不好的影響。

- **不要一直待在眾人說長道短的地方**

靠近腐爛的蘋果，必會跟著發臭或腐爛。

- **如果不想繼續待下去，就要努力游去更乾淨的水域**

努力表現自己，不要太急著做出判斷。

第三章　表現

展現薪水以上的成果

Performance

24 忙碌不一定是壞事

我在進行某次專案時，與客戶公司的孫職員接觸，在初期簡報時跟他打過招呼，當時他剛進公司沒多久，看起來精神煥發。三個月過去之後，再見到他時他看起來似乎有滿腹的煩惱，一邊苦笑著，看起來沒有之前那麼有精神了。我問他最近是不是工作很忙，「現在應該都適應了吧？」我這麼問。

結果他深深嘆了一口氣回答：「最近工作很多很累，我覺得自己好像越來越笨，組長的要求太高，我無法達成。」他似乎有很多話想說，但是又忍了下來，我很想安慰他，卻又怕擔誤他時間，因為他還有很多事要忙。

「為什麼只有我這麼忙？」

「主管是不是把所有事都推給我？」

當工作忙得不可開交時，也許會有這種想法吧，但是你要記住一個原則，主管不會輕易把工作交給做事不牢靠的下屬。工作很多很忙的另一個意義，代表你得到了認可，是可以把工作做得很好的人。主管都希望可以跟能力好的下屬一起工作，在主管間受到肯定，工作自然就會變多。雖然忙，但是也可以很快地學習各種業務，這樣往正面思考，就不需要羨慕別人沒事做，沒事做自然就沒有機會學習了。其實我很想對孫職員說，現在雖然忙，也不要覺得有很大的壓力，因為你已經做得很好了。那就像我們以前在學校時沒用到的小肌肉，因為現在大量使用所以會有點痠痛，但這是前輩們也走過的路，而現在他們已經像專家一樣優秀了。萬一沒有事情可做、沒有什麼壓力，那才應該要擔心吧。當之後別人要拼命追趕時，你就可以慢慢走了。

女兒，人生中的這個時期是不會重來的，用下班後的時間來充實自我當然很好，但透過工作學習也是很好的途徑。工作和學習不要分開，忙碌代表你的工作表現好，爸爸相信你一定都能順利完成的。

雖然忙，但是也可以很快地學習各種業務，

這樣往正面思考，就不需要羨慕別人沒事做，

沒事做自然就沒有機會學習了。

✚有智慧地度過忙季的方法

・**思考如何有效率地完成業務**

向經驗多、資訊多的前輩請教。不要害怕向他人尋求建議。

・**懂得拒絕**

如果一直熬夜加班，可能是主管沒有分配好工作，要讓主管知道你的業務內容需要調整。

・**這一切終究會過去**

工作不會永遠一直忙下去的，就像暴風雨總會過去一樣。

25 比螞蟻聰明的紡織娘

近年「工作與生活平衡」（work-life balance）這個概念開始受到大眾重視，不想再把工作（或讀書）當作人生唯一的重心，不想因為工作而錯過人生。二〇一八年七月開始，韓國實施「一週五十二小時」（一個星期工作五十二小時）的制度，就是希望人民在工作和生活之間可以取得平衡，現在這已經成為固有名詞了。但有一點應該思考的是，要實際做到工作與生活的平衡並不容易，爸爸認為比起工作與生活的「平衡」，用工作與生活的「整合」（Integrating）來表現比較貼切。也就是說當有重要專案時就把精力集中在工作上，閒暇時就把精力集中在生活上的意思。

爸爸從新人時期開始到三十多歲為止，很扎實地度過了職場生活的前段時期，當時的工作量真的是很有「福氣」，每天都要加班，假日上班就像一日三餐一樣平常。重點不是有人叫我加班，常常都是自己為了提高專案的完成度而自發性加班，也因此讓我在很短的時間內就提高了自己的專業，現在才有餘裕和機會可以做想做的事。努力並有智慧的工作，是為了日後真正的工作與生活平衡所打下的基礎，不要只看到工作與生活平衡字面上的淺層意義，趁年輕時多努力，才能讓未來真正平衡的時間提早到來。

韓國的年平均工作時間在OECD（經濟合作暨發展組織）國家中位居前段，然而勞動生產力卻墊底，看起來雖然很努力工作，卻沒有隨著付出得到對等的成果。大家都希望工作與生活平衡，可以擁有屬於自己的「夜晚閒暇生活」，但是要先提高生產力才是核心。如果想實現真正的平衡，工作時間就要集中心力工作。追求幸福、享受幸福固然重要，也需要有面對生活不如意的智慧，如果不幸遭遇意外的情況時，撐不過去會更辛苦的。

你知道在工作與生活這兩個領域都成功的人，他們的特質是什麼嗎？他們在工作上是真的有效地創造了產值，他們在明確的時間內全心投入，才能得到期待的成果。

親愛的女兒，在年輕時期要多鍛練工作用的肌肉、積蓄力量，在經驗值上升之際一邊投資熱情。比起只知道一股勁地埋頭勤奮的螞蟻，工作時工作、休息時休息的紡織娘在將來是不是比較有競爭力呢？努力雖然很重要，但爸爸希望你可以更有智慧地工作。

26 與「昨天的我」競爭

尹職員個性很沉穩又很會照顧別人，他進公司之後對職場生活充滿期待和熱情，但是隨著時間過去，他的表情日漸變得疲憊，彷彿失去了自我。尤其看到前輩們總能迅速確實完成工作，而自己卻什麼事都做不好，心裡著實很焦急。

「我要到什麼時候才能像前輩一樣能幹呢？」這樣的想法老在腦中打轉，但他對負責的業務還不熟悉，與客戶見面、甚至連接電話時都會莫名感到害怕。被主管訓斥只會讓他更畏縮，文書處理和製作簡報等電腦技能也很弱，而與他同時進公司的其他同事都適應得很好。

根據研究，**幸福的人與他人有較強的連繫感（companion），而不幸福的人則習慣**

與他人比較（comparison）。①幸福的人會信賴他人，互相給予力量，積極維持人與人之間的關係；不幸福的人會與看起來比自己更好的人比較，抱著自卑感過日子。在職場上一定會遇到很多比自己有經驗、比自己聰明的同事或前輩，不幸福的人會把他們全都當成自己的競爭者。

> 成功的商人和不成功的商人的差別，在於成功的商人會比昨天更有智慧、比昨天更寬容、比昨天更懂得生活，比昨天更關懷別人，比昨天更悠然自得。
>
> ——李嘉誠

就算比別人晚就業、公司規模小、晚一點適應環境、很少被稱讚、沒能盡快熟悉業務、沒能得到滿意的評價、升職升得慢、晚結婚、晚生小孩或沒有生小孩、薪水賺得少……這些都不用擔心，沒有什麼好著急的，拋開與別人比較的心理，按自己的步調走就好。

只要比「昨天的我」前進一公分，就是成長。在猶太人的重要經典《塔木德》當中也提到：「比較兄弟的個性能帶來啟發，但比較兄弟的腦袋則會殺死他們。」與其想要變得比別人傑出，不如努力活出與別人不一樣的人生。

① 崔仁哲，《過得還不錯的人生》（굿 라이프）。

27 不要只是浮潛，要深潛

剛上班沒多久，可能就會被交付重要、有些壓力的業務。當主管像檢查作業一樣確認工作進度時，還會緊張到心臟撲通撲通地跳……不，光是聽到主管叫我的名字就會緊張了。主管對下屬有所期待，正面來看是好的，但對尚未熟悉業務的新人來說，可能會因此感受到龐大的壓力。即便如此，至少要留下努力的痕跡，如果沒有經過苦惱就直接呈現結果，那是最糟糕的。就算執行的時間不夠，也要努力將自己的想法表達出來。

「你覺得怎麼樣？」當主管這樣問你時，要勇於回答。在職場不能像在學校寫作業那樣被動，在面對問題時要更主動才行，不是像在海面上划水的程度，而是要跳進海中深潛。學習新事物要全心全力，要增加深度思考的時間，這樣工作的肌肉才會發揮作用。除了花在實際工作的時間，也要留意你花多少時間思考解決問題的方法，重點是要兼具生產力跟效率。

想深潛，就必須發揮不輕易放棄的「韌性」。美國賓州大學心理學系教授安琪拉·達克沃斯（Angela Lee Duckworth）以超過上千名的推銷員、教師、軍人為對象，以「成功」為主題進行研究，寫成《恆毅力》（*Grit*）一書，書中提到那些取得成就的人，都有個共同的關鍵性因素，就是「熱情與韌性」。這一點爸爸在職場也親自驗證過了，那些願意在解決問題的過程中投入時間思考的新進職員，他們成長的速度特別快。**苦惱的品質和深度會影響你累積了多少專業性**，這是前輩無法傳授給後輩的事情，必須自己領悟。

不要太急躁，為了實現夢想，要有堅持到底的耐性與韌性，總有一天成功也會來到你面前的。

在職場不能像在學校寫作業那樣被動，

在面對問題時要更主動才行，

不是像在海面上划水的程度，

而是要跳進海中深潛。

28

果敢又優雅的「拒絕藝術」

對新進職員來說，有一件非常困難的事，就是「拒絕」。即使主管的指示不當，對沒有經驗的新進職員來說，在職場倫理上沒有拒絕的餘地。我認識的一位卓職員從進公司開始，就幾乎每天加班，對於工作有強烈野心的組長每次出外勤回公司後，就會交付一大堆新的工作給組員們，而工作熟練度還不夠的卓職員，只得每大加班才能把堆積如山的工作處理完。剛進公司時，晚上還可以跟朋友見面吃晚餐，但現在卓職員的朋友漸漸地都不再約他了。對卓職員來說，雖然早點熟悉業務是好事，但這樣高強度的工作量持續下來，很快就會感到職業倦怠了。如果換作是你會怎麼做呢？

相較隔壁組同期進公司的李職員，他的組長也很重視工作成果，帶給組員很大的壓力，為了提高業績分派了很多工作給李職員，但是李職員並未每天加班，如果當天有私人約會，他會先跟組長說明，並且提早把工作完成，同時隔天早上會提早進公司，如果工作上有什麼疑惑也會主動去尋求協助。卓職員和李職員的差異，在於有沒有讓組長了解自己的狀況，卓職員對工作照單全收、來者不拒，而李職員則是會視狀況婉言拒絕。

成功的花朵承受過拒絕的風才能成長，在職場生活中學習婉拒的智慧是必須的，看看那些工作表現好的人，你會發現他們也懂得拒絕。在職場需要運用拒絕手段的情況比想像中多，重點在拒絕的時候不要拘泥於防禦心態，但也不要留有餘地，讓對方覺得你只是隨便說說而已，真的不能接受就要積極、確切並有禮地表達。希望你能學習拒絕的智慧，在表達時記得要謙遜，要照顧到對方的情緒才是成熟的拒絕方式。

✚ 拒絕的五大技巧：SHAKE

- **「壓力會很大吧！」**

傾聽對方需求並給予認同（Sympathy），找尋隱藏的需求（Hidden interest）。

・**「我很想幫忙，可是這下怎麼辦？」**
不要冷冰冰地拒絕，透過提問（Ask）誘導對方說出答案。
・**「真不巧，偏偏今天是我好朋友孩子的週歲宴。」**
親切（Kindness）說明拒絕的理由。
・**「我明天早一點來處理可以嗎？」**
提出有效的對策（Effective solution）。
・**「我再想想看。」**
展現有花時間思考辦法的努力（Effort）。

29

得到想要的東西的技巧

成職員對工作很有野心，並希望可以盡快學習各種業務。他工作不馬虎，在教育諮詢領域也有很強的使命感，他晚上還到教育研究學院進修，累積專業知識。他對於任何可以學到東西的方式都有興趣，於是前輩對他說：「如果想盡快在業務上熟練的話，一定要跟在金前輩的身邊。」從那時候開始，一旦工作上有什麼問題或是需要建議時，他就會毫不猶豫地跑去找金前輩。金前輩其實不是那麼喜歡教導這種工作，但他也很器重充滿工作熱情的成職員，便將自己的經驗都傾囊相授。很快地，成職員成長為可以獨當一面的人。

前輩真的都會對後輩的要求感到厭煩嗎？其實對前輩來說，那反而是會讓他們心情好、充滿感謝的一件事呢。

出於「好人情結」或自卑感，有不少人不太敢表達自己的想法，因為害怕遭到拒絕。但是你要記住，「提出請求」往往是解決問題最有效的處方箋。進入職場生活的初期，因為經驗不多，自己一個人常常會心有餘而力不足，前輩其實都很清楚那種新人階段，也很願意及時協助後輩。從來不開口要求幫忙，自己一個人悶著頭做事的後輩，說不定在前輩眼中反而是怪咖呢。即使會被拒絕也不要介意，試著請求看看吧。有時候可以堅決一點，讓前輩看到你有韌性的一面。當你需要幫助時，希望你可以不要猶豫請求別人協助。

看起來可能很傻，但這件事很重要，不管是事業或人生，真的希望成功的話，要記得常向他人請求協助，人生中應該試圖做一些無理的事情。

——諾亞·卡根（Noah Kagan），《有錢人不想讓你知道的事》（*Things The Rich Don't Want You To Know*）作者

✚ 職場生活中五個拜託別人的技巧：ReQuEST

- **積極傳遞迫切的需求（Retry）**

  就算對方可能會覺得煩也要多試幾次。

- **不要再猶豫了，先問了再說（Question）**

  請求不要太遲，不要害怕被拒絕。

- **明確表達請求的根據（Evidence）**

  要具體告訴對方你需要什麼樣的協助。

- **從小地方開始提出請求（Small）**

  自己先思考過，找出需要幫忙的部分，從小地方開始提出請求。

- **一定要向對方傳達謝意（Thanks）**

  接受請求的人從答應的那一刻起，他不僅投入自己的時間也付出了真誠。

30

打開電腦前，先打開筆記本

爸爸在職場上見過那些工作很厲害的人，工作時都有一個共同點，就是將事情交給他們時，他們不會馬上就投身去做，而是會先把自己的想法寫在筆記本上整理一番。將腦海中浮現的想法，像塗鴉一樣用畫的或寫在筆記本上，如果時間越緊迫，這種方法通常越管用。

對於業務不熟悉的新進職員，若能養成這個習慣也會有很大的幫助。新人時期對於公司文化還很陌生，要背的專業術語或資訊也很多，對業務上的專業知識也還未能掌握，可能會有許多讓人覺得煩悶的地方，這種情況下，利用筆記本來整理思緒是很有用的方法。

遇到時間緊迫的工作，先不要打開電腦，先打開你的筆記本吧。在白紙上整理自己的想法，再寫下工作計劃，按照「六何法」（又稱 6W 分析法或 5W1H），寫下**誰（Who）、什麼事（What）、什麼時候（When）、什麼地方（Where）、為什麼（Why）及怎麼做（How）**。把要做的事在白紙上大大地畫出來，根據工作內容的不同，大概需要三到五個小時的時間來整理，把目的、概念、工作時程、基本架構等整理過後，再向主管報告並有效率地執行。

假設你進了人事部門，距離新人招募季還有幾個月的時間，主管給你下了這樣的指示：「請你以大學生為對象，想想我們公司形象的改善方案。」這時你要先確認一下手邊原有的工作與新任務在時程上有沒有衝突，不要一開始就一頭栽入調查當中。用六何法將工作的結構先大略描繪出來，工作的目標、預想的架構、到哪裡找尋相關資料、工作排程、需要找誰協助等等，都先描繪在空白筆記本上。完成後去找主管幫你確認，呈現最終結果時要納入的核心要素，以及呈現方式也必須確認，否則就是做白工了。

寫筆記的優點是可以節省後面執行的時間，在初期就掌握主管的意思與方向，那麼接下來正式進行時就容易多了，當然可以提高工作的效率和成效。爸爸在進行工作前也

遇到時間緊迫的工作，

先不要打開電腦，

先打開你的筆記本吧。

會先在空白筆記本上寫下想法，花一點時間整理思緒。沒有其他工作習慣比隨手記錄想法更好了，不要輕易相信自己的記憶力，白紙黑字的紀錄可靠許多。當你的筆記本數量增加時，代表你的工作能力也像筆記本的厚度一樣成長。

女兒，習慣將腦中浮現的想法整理成眼睛看得到的圖文，這對提升你的工作成果和自信感都有幫助。

✚ 工作筆記的要素

・**為什麼（Why）**

為什麼要做這項工作，掌握主管指派這項工作的用意。

例：工作目標及方向，懷疑或需求。

・**什麼事（What）**

先決定好一定要做的事。

例：掌握核心工作內容，將呈現方式明確化，如果內容太多要酌以刪減。

· **怎麼做（How）**

思考如何執行。

例：工作的順序，工作方法，需要的工具等。

· **什麼地方（Where）**

資料和情報要去哪裡找。

例：相關資料的位置（公司的公共資料夾）。

· **誰（Who）**

掌握應該向誰請求協助，誰的幫助最有效果。

例：你的職場顧問團。

· **什麼時候（When）**

確認完成日期。

例：中間進度報告，最終成果報告的時間與排程計劃。

31 在主管開口問之前主動報告

剛開始工作時，可能會覺得公司實際的樣子跟以前想像過的很不一樣，爸爸也曾經這樣，或許現在的你們感觸更深也說不定。不知道的事很多、想知道的事也很多，當有什麼不懂的地方，記得先記下來，等到有機會時就請教前輩。太常提問會被當成「問號殺人魔」（只知提問的新進職員），但也不要成為「支吾殺人魔」（問什麼都支支吾吾的新進職員）。

工作表現好的人有一個共同點，就是會讓指派工作的主管知道，自己的工作如何進行、進行到什麼程度了，換句話說就是要做好「中間報告」。

首先，要確認主管所希望看到的成果以及要求的水準，要讓他知道進行過程中遇到哪些狀況、進度是否符合期望。因為主管一定隨時都想知道自己所指派的工作進行到哪裡、是如何進行的。如果是很重要的工作，主管會更焦急。以爸爸的經驗，能夠站在主管的立場，做好中間報告的新人都是令人讚賞的，那樣的職員基本上都是高度成果者。他們的共通點是能洞察主管的心意，在主管開口問之前就會主動報告，減少主管的擔心、贏得信任。要特別注意的是，有不懂的地方不要只是放著不管，先記下來，而且一定要詢問確認過才行，那樣才能避免沒有預料到的災難。

和我共事過的楊職員就是中間報告的達人，他通常會在吃飯或喝下午茶時抓緊機會詢問工作上遇到的問題，同時進一步掌握工作指示，並尋求不同的建議。指派工作給他的主管，能在對談中自然而然知道工作進度和狀況，因為看得到工作的進展，主管還可以當場面授機宜，也不用擔心最後的結果。中間報告的過程有如走迷宮，告知對方自己現在的位置，詢問主管這個方向是否正確，這樣就可以少走一些遠路。對新進職員來說，所有工作內容都像是陌生的迷宮一樣，而前輩通常已經走過並走出那個迷宮了，他們可以站在更高的視角縱觀全面。

工作的過程和結果一樣重要。**不要自己一個人躲在迷宮裡，透過中間報告，如果不**

小心走錯路才可以盡快走出來。前輩一開始無法告訴你迷宮裡是什麼樣子，必須自己親自走過才能知道，而你會在每次走到死巷、請求幫助的過程中，逐漸領悟走出迷宮的方法。

女兒，記住要適時地向前輩報告進度，才能有智慧地走出工作的迷宮。

✚報告時要注意的五個重點

1. 遵守報告的體制

就算是部門主管或高層主管直接指示的工作，也要遵守從直屬主管往上到高層主管的順序報告較安全。而且這樣可以了解不同職等的想法，還可以給主管們留下良好的印象。

2. 遵守自行完成的原則

主動徵求別人的意見，但要自行完成工作。

3. 遵守時間

接到指示的業務在期限內完成，如果遇到難以遵守的情況時，也要提早說出來進行協調。

4. 以破題法的方式報告（在開頭先點出重點）

「所以重點是什麼？」將要傳達的問題或訊息，歸納為一句話、一段文字或一頁重點報告。

5. 以客戶為中心來報告

報告並非說自己想說的話，而是要以聽者想聽的內容為中心。

32 展現能力的電子郵件技巧

田職員處理工作精明幹練，在交件期限接近時，他寫了電子郵件提醒負責人楊組長，並將楊組長的主管安理事也放進副本收件者中。但站在楊組長的立場來看，這麼一來好像是告訴他的上司安理事，工作的進度慢了，讓他心裡覺得很不舒服。其實，田職員不要把安理事放在那封郵件的副本收件者會比較好，他若想知道進度，可以直接去找楊組長，技巧性地問：「有沒有什麼需要幫忙的？」這麼做會更有效果。

發送郵件時，光看副本收件者有誰，就能知道這個人工作做得怎麼樣。根據業務狀況的不同，要靈活地調整收件者與信發出的時間點，也要根據工作脈絡考量利害關係的立場。如果自己不主動提問，這些工作上的小技巧前輩是不會一一傳授的，所以要自己發揮判斷力和觀察力。

電子郵件完全是以文字傳達意思，所以要特別注意，一個單詞、一個句子，都可能引起誤會，在敲下鍵盤之前字字句句都需要思考。不過也不用太擔心，記得下列幾個寫電子郵件時要注意的重點和例子，對你會有幫助的。

✚給別人留下好印象，提高信賴感的電子郵件溝通要領

· **如果可以就直接見面談，會更有效率**

電子郵件留下證據，對話則留下信賴。

· **光是掌握「條列式要點」就成功了一半**

要傳達的內容用三到五點條列的方式呈現，可以讓收件者一目瞭然。

· **留意副本收件人**

為主要收件人著想，確認合適的副本收件人，不確定時就不要隨便發送，一定要確認再寄出。

- **傳送後發出確認的訊息**

不要急著發訊息，給對方一點時間吧。

- **工作進度狀況要共享**

將進度狀況分享給等待郵件的人，可以增加信賴感。

- **迅速回信**

如果可以，盡量在一天之內回覆。

- **郵件的開頭與結尾可以視狀況表達一點感性**

電子郵件雖是文字，情況允許下也能傳達寄件者的感情，可以藉此讓對方留下好印象。

電子郵件範例

收件人	金時煥職員、李彩率小組長、鄭民煥課長、 朴才林組長
副本收件人	大衛．何 經營支援副總
主旨	【重要】十月十七日（三） 「○○年度工作方式改善計劃」會議概要

各位好，我是鄭羅安職員。
公司社慶休假日過得好嗎？
近來許多人得了感冒，請大家小心注意保重身體。

關於本週將進行的「○○年度工作方式改善計劃」會議要點如下：

1. 時間：十月十七日（三）下午一點～二點
2. 地點：總公司五樓 Challenge 室（已預約完成）
3. 議題：工作方式改善方向、日程及執行計劃協調、工作分配，與會前請務必先參閱「○○年度社內工作方式計劃方向書」
4. 出席人員：組織文化組全體人員（共五位。度進奐小組長請陪產假中）

隨信附上會議相關資料，如有任何疑問請不吝告知。
謝謝。

鄭羅安敬上

附加檔案	戰略會議結論 _ ○○年度社內工作方式計劃方向書 _20**0917.pptx
簽名檔	Davidslingnstone 經營支援本部組織文化組　鄭羅安 電子信箱：raeljung@davidslingnstone.com 網頁：http://www.davidslingnstone.com 傳真：02-567-XXXX 行動電話：010-1234-XXXX 辦公室：01-567-XXXX（分機 022）

33

只挖一口井，那口井會成為墳墓

看看那些取得巨大成功的人吧，他們既是創業者、投資者、作家、創作者、也是藝術家，他們都不是只挖一口井的人。

——提摩西・費里斯（Tim Ferriss），《人生勝利聖經》（*Tools of Titans*）

「要做什麼事才會得到幸福？」原本以就業為最優先考量的新進職員們，在進入職場後，應該都會有這種疑問吧。崔職員進公司沒有多久，就對工作感到苦惱，他不知道現在的工作適不適合自己，也不知道該怎麼做才會幸福。但目前他連自己喜歡什麼都不知道，只好維持現狀，走一步算一步了。

每當看到像崔職員這樣的新鮮人我都覺得很心疼，如果把工作比喻成水井，找工作就像在挖井，我們通常會捨棄自己喜歡的地方，去挖別人認為的好地方。大部分的人都沒有太多計劃，就持續在一開始挖的地方繼續挖下去，隨著時間過去，會害怕到其他地方去挖井，而變得安於現狀。

但井要挖得深，首先要挖得寬。剛開始不該自限範圍，可以關注其他領域，但這不代表可以做一做就隨便放棄。人的時間和能力有限，如果可以就盡量接觸各種領域，或是認識不同的人，也可以間接體驗不同領域。

曾看過一則新聞報導，韓國伽倻琴演奏家黃炳基老師讚賞大提琴演奏家張漢娜小姐的理解能力，並說了一句俗諺：「井要挖深，得先挖廣。」這是多麼令人驚嘆的一句話啊！為了挖深，得先挖寬，必須要先確保有足夠的鏟土空間。

——崔在天，《融合創意演唱會》（창의융합 콘서트）

要找出最適合自己的職業是需要時間的，為了找尋值得深入挖掘的職業，在年輕時要有多多揮鏟的覺悟。在日後生活的世界，如果只挖一口井是很危險的，因為井水可能會乾涸，或是哪一天消失不見。牛津大學的麥克・奧斯本（Michael Osborne）教授在《就業的未來》（*The Future of Employment*）報告書中預測：「在二十年之內有四七％的工作會消失。」所以要有先見之明，要有預先多挖幾口井的覺悟。像是心理學家、教育諮詢專家那樣面對人、非重複性的工作，就算時代產生變化也會繼續存在。

人類的平均壽命快速增加，但是組織的平均存續時間正在減少，技術的變化日新月異又迅速，隨著競爭越來越激烈，組織勢必無法長久，現在工作的組織已不再是安全地帶，可能成為過於安逸的牢籠。為了迎合充滿變化的時代，要不斷學習新技術，累積不同的經驗，不要太安於現狀，努力尋找屬於你的新水井吧。

第四章　目標

在工作之前，人生是自己的

Purpose

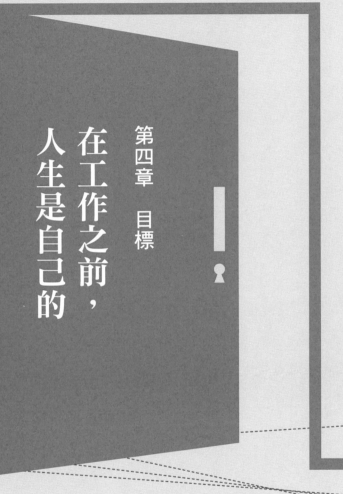

34

第一印象很重要，到職的前九十天也很重要

雖然第一印象形成的時間很短，但要改變錯誤的第一印象可能需要幾個月甚至幾年的時間。在職場，第一印象就是重要的競爭力，對剛開始進入職場的新進職員更不用說了。第一印象不容易被改變是源於心理學的「序位效應」（Primacy Effect），人們與他人接觸時，對首先見到的事物和最後見到的事物會產生深刻的印象和認知。第一印象好，就算日後失誤也容易被原諒，這是在職場中常見到的一貫性錯誤法則。人在見到對方時，會瞬間以第一印象判斷並立即下結論，這在心理學上稱為「認知吝嗇者」（Cognitive miser），即利用直覺判斷，以減輕認知的負擔。

但是第一印象不代表全部，良好的第一印象有時也會帶來反效果，重要的是持續。

據求職網站調查，一般新進職員進入公司，有四六・九％的人平均要三個月才會適應，而在這段期間所得到的評價對日後職場生活有很大的影響。就算第一印象不太好，但有三個月的時間可以挽回，所以這九十天期間，不如就努力留下良好的印象吧，這樣之後的職場生活會更順利。

剛開始上班，對人及公司文化不適應也不用太擔心，職場也是人生活的地方，凡事先不要想得太複雜，按照你原來的樣子去做就可以了。信賴不是強求就能得到的不是嗎？信賴像存摺一樣，是以小小的行動一點一滴儲存起來的。

九十天之內最先要做的事，就是要習慣組織內的規則及語言。**聽、說、寫這三項是必須，其中「聽」是最重要的，在新環境中盡可能用耳傾聽。**記錄也是必須的，一定要攜帶筆記本和文具，或利用手機應用程式記錄也很好。如果有機會發言，就有自信、謹慎地說出自己的想法，記得要保持謙遜。若有什麼不懂的地方或是對指示不清楚時，一定要再三確認過才行，要養成習慣，不要害怕或猶豫提出問題，請教他人並不是什麼需要害羞的事。最後是寫，電子郵件、報告等在職場中的溝通大部分都是以文書形式進行，因此寫作是必備的能力，這點希望你一定要記住。平常可以閱讀批判類型的書，養成深入思考和整理自我想法的習慣。

進入公司後，就以九十天來一決勝負吧！

九十天之內最先要做的事，

就是要習慣組織內的規則及語言。

35 守住自己的原則

受到周圍朋友祝福，滿懷期待開始第一天上班的金職員，不知道自己這一天究竟是怎麼度過的，大大小小事情讓一天感覺就像一個月一樣長。好不容易到了下班時間，偏偏組長說要為金職員辦迎新會，但其實在二個星期前，公司內部就公告了聚餐必須提早通知。金職員雖然心裡很感謝，但他幾乎滴酒不沾，所以很擔心聚餐，但那是為了自己而舉行的迎新會，要如何拒絕喝酒呢？如果你是金職員，你會怎麼做？

在飲酒聚餐有如家常便飯的公司中，若進來一個像金職員這樣不喜歡喝酒的人該怎麼辦？這是許多上班族的苦惱之一，不過如果自己的原則很明確，就不需要太煩惱了。

爸爸長久以來所堅持的原則中，有一項就是不喝酒。這雖然不容易，但我當作鐵的紀律一樣遵守。不只是在職場中，社團、同學會等把酒言歡的場合也一樣。在職場生活初期，制定自己的原則很重要，雖然剛開始會比較辛苦，但適應之後就不會覺得難了。

金職員在迎新會上因為前輩們不停勸酒而喝得爛醉，上班第一天就凌晨才回家。第二天金職員好不容易才起床，還差一點點就遲到了，但進辦公室一看，前輩們不但像什麼事都沒有一樣，而且都比他還早到。也許金職員心裡會想：「以後還要繼續過這種生活嗎？」「我是為了過這種生活才用功讀書應徵進來的嗎？」心情會很複雜吧。上班第一天他所經歷的職場生態真是不容小覷。

職場生活久了，會遇到大大小小的事需要做決策，要像爸爸堅持不喝酒一樣，決定好自己的原則就不要動搖，減少受情勢左右或做出讓自己後悔的事，人人都可以用更有智慧的方式度過職場生活。

✚ 拒絕喝酒的方法比想像中簡單

・**第一步，用明確的理由拒絕喝酒**

不喝酒的理由（健康、信念等）要說明白。

・**第二步，就算不喝也要把酒杯倒滿跟大家一起乾杯**

就算很尷尬也要準備一些適合乾杯時說的話。

・**第三步，堅持不要喝酒**

尤其是不要屈服於職位或權位。

36 建立屬於自己的價值觀

一天夜裡，有三個精靈先後來到小氣鬼史古基的夢中，生動地展示他的過去、現在和未來。看到自己可怕的樣子，史古基從惡夢中醒來，意識到現在還有時間改變命運，於是他一百八十度地改變自己的行為。為了彌補過去愚蠢的錯誤，將自己的財產捐出，就這樣隨著價值觀的改變，他的人生也發生了變化。

這是查爾斯．狄更斯的小說《小氣財神》（*A Christmas Carol*）的故事，你應該聽過吧？這本小說讓人領悟到價值觀有多重要。事實上小氣鬼史古基在遇見精靈之前和之後都覺得錢很重要，但是他的目標卻變得不一樣。以前是固執地只知道存錢，後來他改變成有意義地花錢。史古基的人生價值是錢，但他的目標和原則是讓錢用在有意義的地方。價值觀明確的話，人生會變得更清晰，對未來的去路有信心，在決策管理時也會變得迅速，更有機會做出最好的選擇，提高獲得良好經驗的機率。即使事情不順利，也要從失敗中汲取教訓，重新振作起來。世上沒有毫無意義的失敗，失敗是為了成功而付出的代價，如果付出是有效果的，就會成為更豐沃的養分，可以讓一朵玫瑰花大大綻放。

若把公司組織比喻成船，船離開港口航行的目標是「任務」（Mission），想要去的目的地和方向就是「展望」（Vision），要如何達成就是「核心價值」（Core Value）。核心價值會成為主管決策和成員做事的基準，組織的任務、展望和核心價值都同在一艘船上。要記住的是，與組織價值一樣重要的是個人的任務、展望與核心價值。

根據研究，**個人價值觀很明確的人，也會確實遵循組織的價值觀**。①不如現在就馬上寫下你的夢想吧，這將成為未來的預言。爸爸在去當兵之前曾經寫下五十項願望清單，二十多年後偶然發現這張清單時嚇了一跳，因為裡頭寫的願望不僅有很多已經實現了，而且即使過了二十多年，再回頭看當時的想法，跟現在比也沒有太大變化。很神奇吧？現在看到擁有明確價值觀的年輕後輩，他們都充滿了自信，不會在任何情況下盲目地隨聲附和別人。女兒啊！希望你一定要擁有屬於你的任務、展望、以及核心價值。

任務舉例

我是為了幫助比我弱小的人而活。

核心價值舉例

1. 熱情：不忘初心，每一瞬間都全力以赴。
2. 享受：就算現在生命終結也不後悔地享受生命。
3. 貢獻：不管在哪裡都能成為被需要的人。

二〇一八年加入美國職業棒球大聯盟的日本棒球選手大谷翔平，雖然年紀輕輕，但他制定了明確目標並且努力實踐。他在高中一年級時，為了實現「成為八支球隊選秀第一人選」的目標，制定了他的「曼陀羅思考法」表格（Mandala Chart，又稱九宮格思考法）。對人生的目標制定得非常仔細，並確實實踐，令人印象深刻。進軍美國職棒大聯

① 詹姆斯·庫塞基（James M. Kouzes）、貝瑞·波斯納（Barry Z. Posner），《模範領導》（*The leadership challenge*）。

盟後，大谷樹立的各年齡階段目標也成為熱門話題。

試著利用這些工具整理出人生目標吧，放在顯眼的地方時時提醒自己去實踐，爸爸也是這麼做的，你一定會得到很多助益。

各年齡階段的展望舉例

十八歲——加入 MLB；十九歲——通達英語、進入小聯盟 3A；二十歲——升上大聯盟、年薪一千三百萬美元；二十一歲——進入先發陣容、達成十六勝；二十二歲——獲得賽揚獎；二十三歲——成為世界棒球經典賽（WBC）日本代表；二十四歲——達成無安打比賽、取得二十五勝；二十五歲——達成最快光速球時速一百七十五公里；二十六歲——取得世界大賽（World Series）冠軍並結婚；二十七歲——世界棒球經典賽日本代表、取得 MVP；二十八歲——大兒子誕生；二十九歲——達成第二次無安打比賽；三十歲——達成日本籍投手最多勝紀錄；三十一歲——大女兒誕生；三十二歲——第二次世界大賽冠軍；三十三歲——次子誕生；三十四歲——第三次世界大賽冠軍；三十五歲——世界棒球經典賽日本代表；三十六歲——創三振新紀錄；三十七歲——長男開始打棒球；三十八歲——成績下滑，開始考慮隱退；三十九～四十歲發表隱退宣言；四十歲——在最後一次比賽達成無安打比賽；四十一歲——回日本；四十二歲——將美國棒球體系引進日本。

以「曼陀羅思考法」製作的人生目標範例

上教會	冥想導師	早晨冥想	我的人生原則	人生的任務及視野	人生的模範	旅行攝影作家	旅行綜合計劃	旅行資金計劃
宗教團體活動	靈性	形象訓練	我的核心價值	人生視野	建立人生導師	主題家族旅行	旅行	旅行影像設計
閱讀宗教書籍	冥想學習	就寢前冥想	願望清單	未來履歷表	曼陀羅法	海外義工	國內主題旅行	與朋友到海外旅行
感謝日記	親切／關懷／寬待	成為給予者（Giver）	靈性	人生視野	旅行	我的工作原則	屬於我的工作習慣	工作的模範
維繫人脈（Weak Ties）	待人關係	捐獻（長期）	待人關係	何彩率的曼陀羅	工作	提早二十分鐘到公司	工作	工作筆記（工作日誌）
人生的朋友	管理名片	不要樹立敵人	家人／健康	自我開發	習慣	閱讀工作相關書籍（一本／一週）	迅速適應工作	工作相關證照
規律的飲食／睡眠	打造有魅力的體態	釋放壓力	心理治療／學習諮詢	商用英語會話	人生財務規劃	積極／正向思考	建立早晨的規律	不拖延
擁有一生的運動（我的項目）	家人／健康	週末與家人一起度過	一生讀書計劃	自我開發	擁有終身興趣	每日／週間計劃	習慣	減少使用3C產品
家族興趣（合唱）	家族願望清單	盡孝道	影片學習（TED）	我所關心的領域	寫作（刊登於部落格）	只屬於我的空間	整理／整頓	有好感的說話的習慣

37 連結組織的價值觀與自我的價值觀

最近我見了一名有志應徵諮詢顧問公司的人，因為公司老闆的要求，我和那名應徵者談了一下，雖然時間很短，但我被他的抱負和態度所感動，他跟其他大聲說「我會努力的！」來強調意志和熱情的應徵者不同，他對職務的展望非常清楚，他的目標是透過顧問指導，幫助沒有明確目標的後輩尋找夢想。老闆原本對他沒有抱太多的期待，但一談之下被應徵者的價值觀吸引住了，便改變本來想聘用有經驗者的想法，立即決定錄用那名社會新鮮人。最讓老闆滿意的是，他是一個符合公司「幫助個人和組織做更重要的事情」的目標，並具有使命感的人才。

女兒，成為組織的一員就意味著必須抱持公司的價值觀，不過像上述案例的應徵者，可以幸運找到與個人價值觀一致的組織，這種情況很少發生。進入公司之後，為了業績和團隊精神，應該遵守組織的價值觀，但對忙於適應環境的新進職員來說似乎很遙遠，不過你還是可以先把這點記起來，總有一天會突然想起並有機會運用。

試著將自己和組織的方向與價值做個排序吧。以爸爸為例，爸爸過去任職的公司有七個核心價值，其中有「為了專業而持續學習」、「對工作品質的執著」、「為了團隊而不是個人」；爸爸工作部門的核心價值是「專業性」、「團隊精神」；爸爸個人的核心價值是「專業」、「信仰」和「正義」。以上可以發現公司和爸爸在「專業」這一項是一致的，於是爸爸便以積累個人專業為優先，盡了最大的努力。

這不僅是為了團隊和組織，也是在尋找自我的價值。理解組織的價值，從我和組織的價值中尋找共同的地方，即使個人與組織的價值無法百分之百朝向同樣的方向，但努力尋找切入點這件事本身就具有意義。

即使個人與組織的價值
無法百分之百朝向同樣的方向，
但努力尋找切入點這件事本身就具有意義。

38 更新未來履歷表

有一位二十多歲的年輕人，獲得國家公費獎學金出國留學。有一天，他下定決心要為國家做點貢獻，於是拿出紙來，開始記錄自己的人生旅程和未來的願景。四十三年後，他在自傳小說《五十年後的約定》（50년 후의 약속）中，回憶起當時所寫的未來履歷表，他說道：

根據我的未來履歷，我應該在一九六〇年獲得了博士學位。雖然晚了一年，但願景還是實現了。我在三十四歲就成為韓國文教部（現在的教育部）高等教育局長。在一九六九年，我三十九歲起，開始擔任專科大學校長；

五十一歲時，成為大學副校長；五十四歲時，已經成為綜合大學的校長。後來夢想實現的時間，都比我本來所寫的提前了許多年。

這個故事的主角，是三十四歲擔任韓國首任駐美獎學官（類似督學），曾任慶熙大學副校長和崇實大學理事長的李元雪。

在我認識的人當中，也有類似的例子。以前有個同事黃講師，讓人印象最深的就是在他桌上最顯眼的地方，總是擺著一張寫了自己未來面貌的「展望板」。當時就覺得他有點特別。有一次，我無意間看到他用了很久的「十年日記」，日記本裡寫著他未來的人生目標，依照日期寫得非常確實。十年後的今天，他已經是大學教授，並以作家、顧問、講師等多種身分活躍著。

你聽過設立目標的SMART原則嗎？意指目標要具體明確（Specific）、要可衡量（Measurable）、可達成（Achievable）、必須以結果為導向（Result-oriented）、必須有明確的截止期限（Time-bounded）。為了確實實踐目標，爸爸建議最具體的方法，就是寫下「未來履歷表」，未來履歷表有三大優點。

首先，利用**職涯管理**（Career Management），可以建立屬於自己的路徑，幫助你在職場生活中累積經歷，如果能找到好前輩或像顧問一樣的人提供意見，繼續完善和具體化會更好。

其次，利用**經驗管理**（Experience Management），可以描繪出屬於自己的幸福。為了幸福，不光是擁有，還要投資。有主題的旅行、建立可靠的人脈，都可以幫你增加多元化的經驗，你可以設計只屬於自己的幸福藍圖。

最後，是**競爭力管理**（Competitiveness Management），建立自己與他人的差異性。好好想想自己的優勢是什麼，發掘自我潛力並有效管理自己的成長路線圖。

具體寫下自己的未來履歷表，可以幫助你一步一步更接近夢想。人一旦實現了目標，很容易沉浸在成就感中，但那通常是短暫的，很快就會感到空虛或迷失方向。你可以將人生的目標訂高一點，連自己都懷疑能不能實現的程度，當你開始去實踐時，會發現當初的疑慮都不算什麼。

✚ 屬於我的未來履歷表製作法

- 不要拘泥於形式，要有自己的風格。
- 加入自己最有魅力的照片。
- 具體寫下想完成的內容和日期。
- 隨時更新。
- 放在最顯眼的地方。

未來履歷表範例

	職涯	・2018.01.01~2028.12.31 外商公司 A ・2029.01.01~2034.12.31 外商公司 B（赴海外就職） ・2035.01.01~2039.12.31 本土公司 C ・2040.01.01~2048.12.31 創業 D ・2049.01.01~ 專職旅行作家
	經驗	・2020.01.01~01.30 拉丁美洲旅行（運用西班牙語） ・2022.08.01~08.20 學插畫 ・2024.01.01~02.01 北美單車旅行 ・2026.08.01~08.29 猶太家庭生活體驗 ・2018.01.01~2030.01.20 非洲海外宣教（每年） ・2030.04.01~06.30 全國旅行一圈（背包客）
	競爭力	・2022.08.07 取得心理學碩士學位 ・2024.01.01 出版第一本旅遊書 ・2025.11.30 取得〇〇證照 ・2027.01.01 出版第二本旅遊書 ・2028.03.01 出版第一本兒童心理諮商書

39 睡前五分鐘計劃明天、週末五分鐘計劃下週

初入職場的新鮮人，面對生平第一份工作，光是適應就要花許多時間，常常一片混亂不知道時間是怎麼過去的，有時會因為犯了錯而感到慌張，從上班開始，就被工作纏身忙得不可開交。這種日子久了，人也很快就倦怠了，所以身為職場人都需要的重要能力之一就是——「時間管理能力」。

時間管理的本質是把時間安排在自己這邊，要有控制時間的能力。爸爸的時間管理訣竅，是在睡前或早晨仔細地把重要的事整理清楚，只要五分鐘就夠了，這短暫投資的五分鐘，可以為工作帶來五小時以上的價值。另外最好養成習慣，在週末花五分鐘，把下一週要做的工作仔細整理出來。

下面介紹兩個具體的方法。一個是名為「艾森豪矩陣」（Eisenhower Matrix，或稱為優先矩陣）的時間管理工具。這個工具是根據工作的重要程度和緊急性來決定優先順序，如果能好好利用，即便是時間很緊繃，也能很有條理地處理完成，可以避免錯過重要事情造成失誤。

這個工具運用在生活中也很有幫助，消除或割捨無關緊要的東西，緊急的事就能優先好好處理，改善忙碌的生活，那麼就會有時間集中於規劃未來、維繫人際關係等方面。記住，要優先做重要及你重視的事情。

另一個是「週間計劃表」，這個工具

「艾森豪矩陣」範例

緊急性／重要性	緊急	非緊急
重要	第一順位（Do，即時處理） 例：結案報告、專案計劃	第二順位（Decide，戰略性計劃、實行） 例：游泳、寫日記、閱讀
非重要	第三順位（Delegate，縮小、轉移） 例：整理郵件、客戶電話	第四順位（Delete，捨棄） 例：上下班滑手機、玩線上遊戲

並沒有什麼特別的樣式，上網搜尋可以找到很多樣式，只要用一張紙整理一週的活動就足夠了，任何人都可以建立屬於自己的表格。提前計劃一週的工作，培養自己對工作的掌控度，就可以幫助減少心裡的不安。

設定目標可以得到較多好處，我們用法國神學家、哲學家帕斯卡（Blaise Pascal）的「帕斯卡的賭注」，來驗證「目標不敗論」。帕斯卡要人們用生活去驗證上帝是否存在，如果你相信且上帝真的存在，那麼你會得到無限利益；同樣的道理，若你制定目標並達成，就會獲得最大值的利益，就算沒有達成，也能從失敗中得到收穫，並非全然損失。

假設有個人叫「金誠實」，他沒設定什麼目標，偶爾也會有些突如其來的小成功，不過長久下來他的人生最多也只是維持現狀，最糟就是日後會感到後悔。如果他有目

目標不敗驗證：必須制定目標的理由

	有目標	沒有目標
達成目標	成功、滿足	偶然的成功、自滿、不持久
未達成目標	透過失敗學習、小收穫、不後悔	維持現狀、後悔

標，在努力過程中也許會遭遇失敗，但可以透過失敗學到東西，所以也算是有收穫，若能實現目標的話，那更是錦上添花。

提前制定目標，規劃具體時間並落實執行是很重要的事。

針對會制定新年目標的人與沒有目標的人，進行日後成功率的追蹤調查，結果發現，制定了新年目標的人，在六個月後達成的成功率有四六％，但是沒有制定目標的人成功率只有四％。

——邁克爾．B．弗里施（Frisch, Michael B.），《創造你的最佳人生》（*Creating Your Best Life*）

40 去老鷹學校的鴨子

爸爸曾經與在職場生活中，因工作或人際關係而苦惱的後輩進行過很多對話，其中討論最多的主題，就是關於職涯目標。不少後輩既不知道現在的工作是否真的適合自己，也不知道自己做得好不好。雖然會自我安慰說才剛開始，還是先努力試試看好了，但又時不時感覺自己不太適合，若真要他們說出「還是去打聽其他工作好了」這種話也不敢。

別說是新人了，即使出社會工作已經一段時間了，同樣的問題依舊會出現、一樣會苦惱，歸根究柢還是要靠自己做決定。我只能幫他們找出各種可能的選擇，讓他們自己抉擇。如果可以早一點發現自己的才能，選擇適合自己的工作是很幸運的事，不過這樣的人並不多見。

你聽過進入老鷹學校的鴨子嗎？老鷹學校校長要求鴨子飛到高空捕獵物，但是鴨子再怎麼努力也無法辦到，老鷹學校的校長斥責牠不夠努力，鴨子從早練到晚，結果還是一樣，因爲牠是鴨子啊！反過來，老鷹進了鴨子學校，鴨子學校的校長教老鷹游泳，教了很久卻沒有一點進步。不同的動物有各自的優點，人也一樣，不是嗎？

很少有人可以立刻找到真正適合自己、又做得好的工作，不過至少我們應該先想一想，我是鴨子？還是老鷹？唯有做自己擅長的工作，才能有所成長，感受到快樂。

若想找到適合自己的工作，我們可以用九型人格、ＭＢＴＩ（邁爾斯—布里格斯性格分類指標）、ＤＩＳＣ人格測驗、強項測驗等，有許多種診斷工具，可以幫助我們了解自己。就算現在還不確定自己適合什麼樣的工作也不必操之過急，現在才剛開始而已。為了找到百分之百喜歡的工作，多花點心力也沒有關係。一開始很難找到那樣的工作，但要提醒自己別輕易放棄。工作過程中，經常會遇到許多明明不是我的工作卻還是得做的狀況，重要的是，集中精力專注於自己正在做的事情上，不要錯過任何機會。

現在的新進職員比以前的人剛進公司時期要聰明多了，對於自己的學經歷管理都做得很好，讓我有點慶幸自己不是跟現在的年輕人在同個年代出生。然而最近新進職員在適應組織所面臨的困難中，有一點是他們比公司業務所需的聰明太多了。看看大學升學率就知道了，一九八〇年，韓國的大學升學率還不到三〇％；到了一九九三年，也沒超過四〇％。大學招生名額增加，但出生率卻持續減少，進入二十一世紀以後，大學升學率飆升至七〇～八〇％。

不過在鴨子中也有會飛行的綠頭鴨，只要能發掘自己擅長的領域，盡全力好好發揮就行。首先，先讓自己成為目前身處的環境中最被需要的人，就算有一天離開也不覺得遺憾，好好地鍛練自己的能力，想像當有一天你離開公司時，別人會對你說：「像你這樣的人才離開真是太可惜了。」「你離開了我們該怎麼辦？」不管在哪裡，都要盡自己最大的努力，成為人人稱讚的人，那麼一定會有更好的機會等著你。

✚為了找到適合我的工作要做的事

- **首先把現在手上的工作盡力做到最好**

要做過才會知道適不適合自己。

- **集中在自己的長處與性格上**

知道自己什麼做得好、什麼做不好這點更重要。以自己的長處取勝。

- **集中在我有興趣的事上面**

隨時留意自己感興趣的事情是什麼。即使苦一點也樂在其中的事，那就是你感興趣的事。

- **對其他部門的事也要關心**

在公司裡隨時留意有沒有適合我的工作，至少了解一下其他職務並不吃虧，層級越高越有幫助。

唯有做自己擅長的工作，

才能有所成長、感受到快樂。

不要著急，能找到適合自己的工作最好。

41 戴大一號的帽子

之前在公司上班遇到的後輩中，有一位表現非常突出，他剛進公司時就善於邏輯思考和文書作業，但他的真本事不止如此。一個團隊通常會有好幾個項目同時進行，前輩在忙著寫大型提案書時，他會主動協助分析資料，減少前輩的工作量。他自己的工作也很忙，卻依然自動自發幫助同事，讓人非常感激。他在做基層職員的時候，就已經處理過不少組長或課長等級的工作，也因此比其他同事成長得還快，當組長或課長的業務需要人手幫忙時，往往由他出面代打。

一九六一年，俄羅斯的太空人尤里·加加林（Yuri Gagarin）乘坐「東方一號」太空梭，成為首位登上太空的人類。到二〇一一年為止，全世界共有三十八個國家、五百二十四名太空人，飛上宇宙俯瞰地球，其中有許多太空人都說他們的人生觀因而改變。體驗過從宇宙望向地球的廣大視野，改變了原本看待世界的觀點，這種現象稱之為總觀效應（The Overview effect）。**希望你在公司裡也能帶著比現在的職等再高一、二階的視野，簡單說就是眼光要放遠。**剛進公司時是一般職員，但要有主任或課長級的視野，從越高處看，納入眼中的藍圖就越大，不但能確認自己現在的位置，也能看到在目前這個位置上看不到的東西。

美國航太總署（NASA）第一位韓國人次長級官員申在元博士，在談到自己的成功祕訣時，他是這樣說的：

> 如果周圍的同事問我出人頭地的方式是什麼，我會說「one size bigger hat」，意思是不要只就近看到自己或所屬部門的工作，要養成從更大的組織，甚至是從整個NASA的角度來看問題，這樣視野就不會那麼狹隘，會浮現更多好想法。

在職場戴大一個尺寸的帽子，努力掌握前輩指示工作的脈絡，從高一點的地方就能看得更遠、想得更深。

42 成功不是搭電梯，而是走樓梯上去

爸爸之前的公司有一次錄取了兩位能力和背景都差不多的新人，新人A被分發到教育企劃部門，新人B則被派去負責單純的營運業務。新人A因為企劃工作的特性經常加班，他感覺一直被苦差事所累，不久就跳槽到別的公司去了。而新人B巡迴全國各地的進修學院，工作了一年多，實際觀摩了大大小小的活動，從中學到很多，在業務能力上有了不少成長。他努力工作的模樣全都被組長C看在眼裡，於是在組長C的推薦下，B進入了企劃部門。

過去在活動現場累積的各種經驗，幫助B在策劃各項專案時總能提出實際的想法，因此很快就適應了新部門的業務。如果在工作上遇到困境，他會在週末凌晨起床，靜靜

回想過去在活動現場準備教案和教具的情景，然後重新振作起來。

一般人看到成功者，就好比看到湖面上的天鵝，看起來優雅，但是看不到水面下激烈踢腿的樣子。成功是給能夠忍受水面下辛苦踢水的人的果實，成功的本質就是痛苦和忍耐。有價值的事是無法不勞而獲的，也許需要幾年甚至十幾年，但一旦決定開始了喜歡和有價值的工作，就不要回頭。不要和別人競爭，要和昨天的自己競爭，時間會站在你這邊的。

年輕不正是充滿挑戰和考驗的時期嗎？為了尋找深埋在岩石底下真正的自己，爸爸希望你不斷挖掘、堅持修煉。即使有點失誤、覺得時間過得緩慢，也不必著急，慢一點有什麼關係，只要不停下來就行了。不用羨慕搭電梯前往成功的人，上升的速度快，相對地跌得也快。成功就像爬樓梯一樣，即使腳上長了繭、滿頭大汗，但肌肉的力量會凝聚在一起，呼吸順暢之後就會產生餘裕，成就感也會隨之增強。

成功就像爬樓梯一樣，
即使腳上長了繭、滿頭大汗，
但肌肉的力量會凝聚在一起，
呼吸順暢之後就會產生餘裕，
成就感也會隨之增強。

晨露花

凌晨
忍住黑暗
含著悲傷的花
凌晨
在寒風中
不要掉眼淚
過一會兒
為你擦乾眼淚的
溫暖太陽就會升起

43

為往後五年、十年、三十年種樹

我曾採訪過在各種企業工作的職員，感觸很深。很多人表面上看起來職場生活好像很安定，但實際上正苦惱著辭職，卻又不知道辭職了該做什麼，因為再重新適應新的工作很難。這對新人來說也許有點遙遠，畢竟才剛踏進公司，但是必須提早準備。現在這個時代，很多事情不能太樂觀，目前看起來頗有成長的公司，在五年、十年後不見得還會存在，因為時代變遷實在太快了。為了讓未來的生活各方面能更有餘裕一些，現在就要先播種。在猶太人的經典《塔木德》中，有一篇名為〈種樹的老人〉的故事。

有位老人正在院子裡種果樹。路過的人看到了就問：

「老爺爺，那棵樹什麼時候會結果？」

「等樹長出來，要結果，大概需要三十年吧！」

老人的話使路人感到奇怪，又問：

「可是您那個時候還在嗎？」

老人回答：

「就算再長壽，以我現在的年齡來說也很困難吧。」

路人更不理解了，他又問：

「那您現在不是在種一棵吃不到果實的樹嗎？」

老人這樣回答：

「我小時候，我家院子裡的樹上結了很多果子，那是因為在我出生之前爺爺和爸爸就已經種了樹。我現在只不過是跟著他們做而已。」

親愛的女兒，就算不斷經歷競爭、過著忙碌的生活，希望你也能像故事裡的老人一樣，帶著信念和耐心，為未來種一棵樹。當你忙著適應職場生活而感到心煩意亂時，希望你可以暫停一下問問自己：「為了未來的我，現在應該要做什麼？」

✚ 向種樹的人學習

- 開墾只屬於我的園地。
- 為了未來種樹（播種）。
- 不用太急著見到成果。
- 不要在意他人的目光。

當你忙著適應職場生活而感到心煩意亂時，

希望你可以暫停一下問問自己：

「為了未來的我，現在應該要做什麼？」

44 當下不做就永遠錯過

很多新鮮人並不是很滿意自己踏入職場的第一步，會因為工作內容與想像中不同、與同事們的關係不好、公司沒有未來發展性等原因而想離職。新人到職後沒多久就辭職的理由，大多數與業務有關。但要記住的是，**專注於思考「職場」（公司）的問題，不如多思考「職業」本身**。隨著時間過去，外在環境也在急速轉變，終生職場的概念已然消失，人一生中或許會經歷好幾種不同的職業。我希望你在剛進入職場時能一邊適應職場，一邊思考自己真正想從事什麼樣的職業，為接下來漫長的職場生活減少一些後悔。

社會新鮮人迅速離職的原因

- 職務內容與個人興趣不合——四二・一％
- 職務上的不滿足——一九・九％
- 工作時間、工作地點不滿意——一九・九％
- 不適應組織——一九・三％
- 低薪——一八・七％
- 調職——一七％
- 惡劣的工作環境——一二・三％
- 疾病等個人事由——九・九％

爸爸心裡有幾件想起來總是倍感後悔的事。一是二女兒的週歲宴及才藝表演，我都沒能出席，這些應該是不管工作再怎麼忙碌，都必須參加的事，如果能回到當時，我一定會排除萬難出席。還有一件事是沒能給我的外婆孝親費，每次回老家我都會去看看外婆，外婆看到我都會從她錢包裡拿一些零用錢給我。我總是想著等我賺了錢，也要給外婆孝親費，然而後來外婆得了失智症，一切已經來不及了。

親愛的女兒，如果有什麼是當下不做就做不到的事，那就去做吧！

有智慧的人總是努力活在當下，為了不帶著遺憾離開這個世界。希望你記得一句拉丁名言——「勿忘你終有一死」，人生最不能掌握的就是死，其實每個人都像死囚一樣，因為生命是有期限的。

時間就像流動的江水一樣，看似同樣的水，其實在下一秒已經變得不同了，同樣地，我們的人生也沒有相同的時間。時間是不會等我們的，如果現在不做，以後也不一定會做，所以當下就不要猶豫吧！無論是家人的生日、紀念日，或是好朋友的重要大事。隨著年齡增長，人們最常感到後悔的不是做過什麼，而是錯過什麼。希望你不要讓工作束縛了你的人生。

✚ 新人時期避免後悔的方法

- 制訂人生計劃（包括閱讀、健康、理財等方面）。

- 投入一件值得用五到十年長期投資的事。
- 在學習與生活之間取得平衡（Study-life balance）。
- 不要一時衝動就離職。
- 不要輕易放棄。
- 認真看待你做的每件事。

爸爸的建議

上班第一週要做的十件事

上班第一週，可能因為什麼都不懂，做什麼都不知所以然，容易忘東忘西的，如果可以記住以下幾點，或許能比較順利。

1. 建立自己的職場生活目標和計劃。
2. 刪除社群網站上的髒話、不滿等負面訊息，重新整理。
3. 向在求職時期為你加油的人表達謝意。
4. 上班時間不要抓得剛剛好，盡量早一點出門。
5. 準備名片簿，或下載電子名片應用程式，儲存同事的姓名、部門等資料。
6. 先準備好自我介紹及問候的話。
7. 帶著明朗的表情，先和別人打招呼。
8. 用網路交流時避免讓人留下負面印象。
9. 把好奇或重要的資訊記在筆記本上。
10. 掌握所屬部門的業務、以及自己的工作內容。

第五章　態度

職涯的深度和廣度由態度決定

Personality

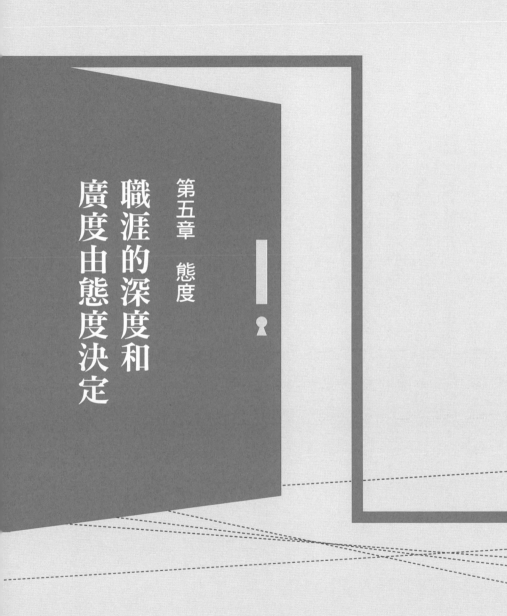

45 適當的退縮跟禮貌一樣有效

對所有人真誠以待，與多數人和睦相處，和少數人時常來往，只跟一個人親密無間，不要成為任何人的敵人。

——班傑明．富蘭克林

一起工作的人會是什麼樣的人呢？我會負責什麼樣的業務？我可以勝任嗎？第一天上班的心情會是這樣交織著期待和緊張吧！但只要過幾天就會漸漸適應了，這時「土裡土氣」的樣子也會慢慢變自然的。「土氣」太重的話會顯得很奇怪，但完全沒有土氣又像個小大人，其實土氣就是講究禮儀，適當表現出來沒什麼損失。

現在很多公司或單位還是很重視道德和禮儀。如果習慣了自由自在生活，一下子要進入職場這個新環境，難免會覺得綁手綁腳，但要相信很快就會適應的，因為大部分人都是這樣走過來的。不過有一點值得注意一下，**通常公司對新人的期待，比起「聰明」，「謙遜」更為重要。**

既然如此，在主張自己的意見時，最好是謙遜有禮貌地表達。例如，當主管做出令人費解的行為時，當下應該先等氣氛稍微平息後，再私下去向主管鄭重反應你的想法。不過，這並不是說連誹謗、辱罵、性騷擾等行為都必須忍受，遇到上述狀況時一定要堅決地表達不滿。

越年輕的人，會越重視同事間平等的水平文化；而年齡越大的前輩，則越講究階層明確的垂直文化，所以無形中很容易產生誤會和矛盾。但是仔細想想，無論組織是以水平文化為主還是垂直文化為主，禮貌都很重要，職場禮儀是職員應該遵守的基本尊重的表現。以下介紹幾項只要遵守，就會給人留下好印象的小商業禮儀。

✚ 職場人應遵守的五項商業禮儀

1. 長時間離開座位時要向周圍同事明確說清楚原因。
2. 見到人先打招呼。
3. 與同事吃飯時配合對方的速度。
4. 交換名片時要用對方好閱讀的方式遞給對方。
5. 通電話結束時，等對方先掛電話後再輕輕將話筒放下。

通常公司對新人的期待，比起「聰明」，

「謙遜」更為重要。

既然如此，在主張自己的意見時，

最好是謙遜有禮貌地表達。

46 因為遲到而失去的東西比想像多

對職場人來說工作態度很重要，只要肯投入時間，知識和技術都是可以補救的，但是態度卻不容易改變，因為態度是過去經歷過的時間所累積下來的。說出來可能會讓人驚訝，年紀越大的主管，越不能忍受的就是「遲到」。**準時或遲到是別人觀察你的態度時的量尺。**

A公司為了提高工作效率而錄用了五位新進職員，他們的工作是擔任前輩職員的助理，支援發掘新顧客、電話行銷、發送DM、管理VIP顧客等，減少前輩的附加業務，好讓他們有更多時間維繫顧客關係。幾個新職員在同一個辦公室工作，大家難免會比較，隨著時間過去，對這幾位新職員出現了不同的評價，有趣的是，與業務能力或業績相比，大多數評價還是與態度有關。前輩們一致看好朴職員，他有兩個地方與同期進公司的新人不同，首先，他不會只做主管指派的工作，他會自己主動發掘還可以做什麼，並向前輩徵求意見；另一點是他每天都會早幾分鐘到公司，趁上班前的空檔喝杯茶準備當天的工作，與其他常遲到的新人比起來差很多。

「九點零一分並不是九點啊！」這是近年韓國崛起的最大美食外送平台「優雅兄弟」（Woowa Brothers）所秉持的「在松坡區發達的十一個方法」的其中一項方法，優雅兄弟就是從首爾松坡區發跡的，他們的方法很有意思也很值得參考。既然如此，就不要把時間抓得太緊，不如提早一點到公司，可以有更充裕的時間準備工作。就像運動選手在比賽前要先熱身一樣，在展開工作前也需要熱身。沒有一位運動選手會說：「我平常都有練習，所以不需要熱身。」進入公司初期制定目標時，下定決心提前幾分鐘上班吧，這麼做也可以快速了解業務，少一點急躁的心情。

第一次上班還不適應，有時不得已遲到也不為過，但最好先有禮貌地打個電話告知主管。與其隨便找藉口搪塞，不如坦誠地說出來比較好。

在松坡區發達的十一個方法

1. 九點零一分不是九點。
2. 業務是垂直的，但人的關係是水平的。
3. 若是簡短的報告，就由上級到下級的座位旁去。
4. 時常談天說地也是一種競爭力。
5. 如果開發者只顧著開發、設計師只會設計，那麼公司會倒閉。
6. 不要隨便拿別人的休假或下班來開玩笑。
7. 只做真實的報告。
8. 工作開始時要考量目的、時間、預期產出、預期結果、共享對象。
9. 要考量工作最後產生的影響，而非只是中間涉及的範圍。
10. 責任不在執行的人身上，而是決策者的身上。
11. 如果不滿於公司沒有對問題提出解決方案時，就是該離開公司的時候。

會議、晨會、研討會等有跨部門職員一起出席的場合中，更要留心自己的行為，因為那是公開檢視新進職員態度的場合。比起聰明的人，態度好的人更受到注目。現在聰明的人太多，態度好的人反而更珍貴，因為態度好的人越來越稀少，不管到哪裡都會受到注意。有個進公司已經兩個月的金職員，個性沉穩又平易近人，跟同事們相處也很愉快。某天早上有全體職員都會出席的晨會，偏偏金職員居然遲到了十五分鐘。金職員心裡暗暗喊了聲「糟了」，因為他的主管朴組長一直很強調準時。沒想到他白擔心了，遲到的事安然地過去了，朴組長只問：「有什麼事耽擱了嗎？」就沒再追究。這都是多虧金職員平常出席狀況良好，以謙遜的態度融入大家，累積了好印象。

因為遲到而失去的事物可能遠比你想像的多。為了不遲到，提早幾分鐘上班是很好的方法。

✚ 達到職場生活極致幸福（Beatitude）的三個方法

極致的幸福（Beatitude）＝態度（Attitude）× 感恩（Gratitude）× 獨處（Solitude）

1. 態度：態度占九成，要有禮貌、親切待人處事。

2. 感恩：不要埋怨。

3. 獨處：要有屬於自己一個人的時間。

47 堅持到底的練習

韓國僱傭情報院曾對大學畢業生進行問卷調查，詢問剛進社會的新鮮人覺得職場生活中最困難的事是什麼？最多的回答是「學習業務內容」，占四二・二%。

其實很多時候，要把大學時期學到的專業知識運用到實際工作上，幫助是很有限的。一進公司就有很多新的東西要學習，同時工作也不輕鬆，讓人常常會有「這到底要怎麼做呢？」的疑問。爸爸還清楚記得第一次寫提案時，發現用以前在學校做報告的簡報功力根本不夠，後來再回頭看那個年紀做的文件，簡直是羞恥得讓人臉頰發熱，當時我做的簡報恐怕是主管修改了好幾遍才敢寄給顧客。但後來隨著經驗的累積，逐漸抓到竅門，也就慢慢上手了。

有一次我請剛進公司的卓職員做一份文件，要他擬訂關於領導力研討會的提案書內容，與其說要確認他的能力，不如說是想看看他會如何完成工作。結果他不但在所屬的小組查找資料，甚至還到其他小組去查詢，再以自己的邏輯製作文件。看著他盡責地完成分內工作，那種充滿責任感的模樣實在令人很欣賞。卓職員做每一件事都是如此，因此他很快就適應了公司業務，並取得良好的成果。每次組織改編的時候，我都要絞盡腦汁，避免別組來把他挖走。

相反地，經過多次面試，最後好不容易錄取進來的李職員，他的背景資歷不錯，人看起來也很好，同時已經有一年多的工作經驗了。為了讓他盡快適應，我便交代與他同組的前輩指導他整理現有的教案資料。後來忙著忙著我也忘了，再想起時，向李職員確認工作進度，但他一直支支吾吾，應是工作進度有限。其實提案書、報告等相關資料都在公用資料夾中，但他似乎不知道該去哪裡找，只是不斷打開不同的資料夾，卻找不到能用的資料，時間就這樣流逝了（不過嚴格說起來，沒有明確下達工作指令的前輩也有責任）。

卓職員和李職員各自擁有的能力和背景差異並不大，但是在工作態度上卻差很大。

卓職員會想辦法把交付的工作在規定時間內完成，當然李職員也盡力了，卻未能完成任務。站在李職員的立場，或許他會覺得前輩應該幫他的忙，如果當初前輩在交付工作時，告訴他相關資料放在哪裡，或許就不會浪費那麼多時間了。

站在新進職員的立場，應該很希望前輩能跳出來幫忙。不過，大部分前輩卻希望新人可以有自主意識和責任感，自動自發完成工作。在新人時期雖然很累，但還是要把負責的事情堅持到底完成，因為那段時期正是工作肌肉增長最多的時期。當然事情沒有說的那麼簡單，連業務內容都還沒搞清楚，就把工作丟給我，真是太強人所難了。但是那些苦惱過後得到的答案都會變成自己的經驗，**如果無法解決，就要主動向周圍的人尋求幫助，積極正面思考。**每個人都必須經過像隧道一樣的悶塞過程，不求事事完美，但絕對不要輕易放棄。就算一時動搖過，也要繼續走下去，那麼肯定很快就會迎接為自己的成長感到滿足的瞬間。

✚ 面對困難的工作堅持到底的方法：5D

・**冷靜面對現實**（Define）——**不迴避**

例：「試一試吧！」「有誰一開始就能做得好呢？」

・**分析困難本身**（Difficulty）——**尋找讓事情變得困難的原因**

例：「因為只有一個人做，很累啊！」「應該要請金店長幫忙。」

・**不要只是苦惱，先試著做做看**（Do it first）——**先執行後再尋找答案**

例：「做著做著就會找到辦法了吧！」「值得試試看！」

・**既然要做就不要敷衍**（Devote）——**絕不輕易妥協**

例：「我是為了我自己盡最大的努力。」「苦惱過的東西都會成為自己的收穫。」

・**一次解決一個**（Done Done）——**只集中於一件事**

例：「是啊，不要太貪心。」「一件一件完成，就會看到前進的路。」

48 團隊合作反映一個人的品格

我訪問許多資深上班族，跟年輕職員共事時會面臨到什麼問題，許多人都提到的問題之一就是年輕職員過於「以自我為中心」，但這其實常被誤解。不該說年輕職員自私，只是現在的年輕人重視生活跟重視工作一樣。據某項新聞調查可以看出資深職員與年輕職員的想法差異①，在資深職員不滿意年輕職員的項目中，「過度利己主義」占最多，有一九．七％；其次是「被動的工作態度」占一九．五％；「缺乏耐心」占一六％；「溝通能力不足」占一二．九％；「業務能力不足」占一一．三％。站在年輕

①《Etoday》，〈職場前輩給新人的分數是……?〉，二〇一六年一月。

職員的立場來看，應該會覺得滿腹委屈，他們只是希望得到尊重罷了，不過也要先想想自己有沒有表現出讓人覺得自私的樣子。

每個公司的特性和業務有所不同，有的公司是以小組為單位分派業務，為了實現整體追求的目標，團隊合作是必須的。即使是一支由許多優秀隊員組成的隊伍，如果沒有好的團隊合作，也難以有好成績。隊員扮演的角色很重要，例如好幾個星期前就計劃好的團隊會議，一定要參與比較好，如果是那種突然決定一起吃吃喝喝的聚餐就可以自行斟酌。

女兒，希望你記住，為了自己，當然要盡最大的努力；但為了團隊合作所做的努力，會反映出你的品格。

即使是一支由許多優秀隊員組成的隊伍，

如果沒有好的團隊合作，

也難以有好成績。

49 「不幸的好人」戰略

剛剛成為社會新鮮人，無論是誰都對工作內容很生疏，不小心出錯在所難免，有時也可能會發生非本人之過的失誤。像是叫錯名字或職稱（但那些怎麼可能馬上記住？）、沒附上附加檔案就把電子郵件寄出去了（急的時候的確可能那樣），其他像遲到（太緊張了結果沒睡好也是有可能的）、誤解工作指令、私底下抱怨時被發現（為什麼主管偏偏在那時出現）、不會看狀況，這些都是爸爸曾經犯過的失誤。

新進職員最致命的失誤第一名是？②

- 事情做錯方向，誤解主管的指令——一八・五%
- 怠惰缺勤、服裝儀容等基本禮儀上的失誤——一六・七%
- 私底下說主管的八卦被發現——一四・七%
- 不會看狀況，做出不合宜的行為或發言——一二・三%
- 在聚餐或喝酒後失言或失態——九・一%
- 在工作時耍一些小動作——五・八%

不必太害怕，一開始任誰都可能會犯錯，站在前輩的立場上也會理解的。根據求職網站的調查顯示③，前輩們對新進職員犯錯的容忍時間，最多為三個月，占四三・七%，其次為六個月（二七・四%），一個月以下（七・六%），十二個月以上（六・

② 《東亞日報》，〈職場新人的致命失誤〉，二〇一七年十月。
③ EDAILY 網站問卷調查「連續失誤——職場新人最常犯的失誤是？」，二〇一七年十月。

二％），二個月（四．四％），所以失誤時不要太害怕。

即便因為驚險的失誤而面臨危機時，也不要慌張，試著用「不幸的好人」戰略，讓別人認為其實你是個不錯的人，只是運氣不好才會發生失誤。誰都會有運氣不好的時候，本質不錯的人遇上壞運氣，反而會讓別人同情你，而產生想要幫助你的惻隱之心。

「不幸的好人」戰略中，**最重要的是一定要在發生失誤時立即告知主管**，「組長，我為了趕在下午五點的期限提交提案書，太急了，結果寄送出去的不是最終版本。」然後承認自己的失誤並請求原諒，「都是我的疏失，寄送前應該再更仔細檢查一遍，對不起！」接著要表現出不再犯同個錯誤的決心，「我下次會注意，避免再發生同樣的事。」同時反思失誤的原因並提出改善方案，「可能是時程太緊迫，心裡很著急才失誤，下次我會提前準備，並隨時向組長報告進度。」

一定要從失誤中吸取教訓，並注意不要重複犯同樣的錯誤，因為如果反覆失誤就會成為習慣了。

50 謊言是即期品

有一次我的團隊正進行一項大型專案，在整理最後成果的報告時，發現了一個重大的統計失誤。那是剛進公司沒多久的新職員，輸入統計分析數據時手誤而造成的疏失。我頓時冒出一身冷汗，並苦惱著要不要告訴客戶這件事，其實如果不說當下不一定會被發現，但如果客戶在事後得知，一定會對我們整個專案的信任度下降。這種情況應該怎麼做最明智呢？

有個後輩經常遲到，有一次我忍不住問他原因，他含糊地說：「因為最近比較忙。」後來過了一段時間，我偶然透過其他職員得知，那位後輩之所以常遲到，是因為每天玩線上遊戲玩到很晚才睡，第二天自然就遲到了。這其實不是什麼嚴重的罪過，但從此我就對那位說謊的後輩信任度大大扣分了。

據調查，職場新人最惹人厭的行為是「在工作時間做別的事」（一六．一%），其次是「說謊或耍小聰明」（一二．六%）。④雖然有時說點不至於傷人的善意謊言無妨，但還是誠實一點比較好。

在工作時，會經常遇到不知道要不要說實話的糾結情況。就那次統計分析失誤的經歷來說，我自始至終都認為應該要實話實說，鄭重請求客戶諒解較好，於是便照實對客戶說了，沒想到客戶竟然沒有怪罪，事情就那樣過去了。而且客戶更加信任我們，後來客戶有另一個專案要發包，又把那個機會交給了我，我當然就加倍努力用更好的成果報答對方。

偶爾會遇到類似的情況，正直永遠是最好的方針，記得坦率提出說明，誠心請求對方諒解。當然，我也曾聽過客戶表示非常失望和不滿，但很多時候是轉禍為福，至少沒有留下遺憾。說謊或耍點小聰明蒙混過去，或許當下可以過關，但是謊言的保存期限是很短的，終究會真相大白，到那個時候，可能會失去更多。就算沒有被發現，心裡還是會一直都懷著不安。不要隱瞞錯誤或找藉口，向對方坦誠以待最好，因為不管別人怎麼說，至少你問心無愧。

④《財經新聞報》，〈九二%人事專員「看不下去的新人」第一名是「在工作時間做別的事」〉，二〇一八年三月。

51 Extra Mile, Bad Minus

為了讓新進職員適應公司，我們公司通常在新人進公司第一週不會指派工作。但某次因為實在太忙，我取得組長的諒解，請一名職員協助校對幾篇稿子。不久後他就交回來了，不過看了內容讓我嚇了一跳。他不只把文中的錯字挑出，還用藍筆標出重點文字，而無法理解或想要修改的部分則以紅筆仔仔細細寫下，他還順便跟我說了一些他自己的意見和想法，雖然時間很短，但多虧了他才提高整份稿子的完成度。後來我從旁觀察他做事的樣子，發現他對待每件事都是這麼認真。

就像俗諺「有人邀我走五里，我就陪他走十里」，比對方原本要求的再付出多一點，即「Go the extra mile」（多走一里路）。只要帶著喜悅的心情親切地付出，你的付出會如同迴力鏢，總有一天會得到回報。人際關係最重要的是付出和關懷，工作中總會遇到大家都不願意做的苦差事，這時不妨先站出來試試，說不定會有意想不到的機會和幸運出現。把別人的事當作自己的事來做，當然這並不容易，但這也是成功人士的共同點。

還有一個可以跟「Extra Mile」一起實踐的，就是「Bad Minus」。如果說 Extra Mile 是加，那麼 Bad Minus 就是減了，把在工作及溝通上會妨礙的因素一個個消除。舉例來說，有人工作不順時會隨口說：「啊！煩死了！」或用強烈的口氣指正別人：「不是！不是那樣！」Bad Minus 就是減少說出這種否定或帶有負面情緒的話，改掉常常嘆氣的習慣，開會時不要遲到等等。你會發現，在職場中微小的變化往往會帶來很好的結果。

✚ 工作時可以做到的小小「Extra Mile」

・到電梯前等客戶。

・送禮物時也附上感謝的話語。
・比截止時間早一點完成任務。
・多想一個點子。
・用電話連絡不上對方時，記得留言。

52 在職場中沒有雜活

即使現在很多產業擁有最新技術，組織裡的工作依然包含研究規劃、開發、生產、行銷、業務、行政等，有的工作職位不一定需要高學歷，但現在進入社會的高學歷新人有增加的趨勢。但是新人剛進公司，不太可能直接接觸研究規劃這種看起來「有什麼」的工作，一般都是從看起來「沒什麼」的事開始做起。難免有人會覺得「我那麼辛苦的應徵進來就是為了做這種小事嗎？」，回想自己為了進入公司而投入的時間和努力，當然會產生不平衡的心理。

先想想，如果你是主管，當新人剛進公司時會先讓他做什麼呢？你會把重要的工作交給才剛認識沒多久的新進職員嗎？新人能做的工作有限，因為他們對一切還不熟悉。

所以主管通常會給予適合新人程度的工作，譬如叫新人去做些瑣事，尤其是工作忙的時候往往手邊有什麼事情可以做就丟什麼。

其實主管指派工作時一定會觀察的一點是新人「對待工作的態度」，是否有熱情、積極、毅力、責任感、意志力，是否遵守約定、守時、細心、關懷、包容等等，從一個人面對瑣事的態度，就可以推敲出很多。

在新人時期，那些看似瑣碎的小事可能更重要，誰能把小事辦好，漸漸地主管就會把大事交給他。所以就算現在主管故意叫你去做些雜七雜八的事，也不必有「難道是為了折磨我才讓我做這些雜活嗎？」的想法，因為**工作的價值，是工作的人所賦予的。**

美國總統詹森（Lyndon B. Johnson）有一次去美國太空總署時經過大廳，看到一名清潔工在擦著髒兮兮的地板，那個人一邊擦地一邊哼歌，看起來很快樂，讓人看了都覺得羨慕。於是詹森走上前去問那名清潔工：

「打掃是這麼開心的事嗎？我想知道有什麼祕訣。」

「閣下，我可不是一個清潔工，我正幫忙把人類送上月球啊。」

工作到底該做自己熟練的事？還是做自己喜歡的事？或者是做該做的事？這是很多

人會苦惱的問題。每個人都不一樣，去問別人，每個人提出的建議也不同，實在不知道該聽誰的好。不過有句話倒是經過了二千五百年的驗證，就是孔子在《論語》中說的「知之者不如好之者，好之者不如樂之者」。沒有人可以贏得過樂在其中的人。這句話也可以套入工作的階段性來看，要馬上就進入樂在工作的狀態並不容易，那就先從熟悉事情開始，剛進公司那段期間應該是為了熟悉工作而學習的階段，就先全力以赴完成交付給自己的瑣事，努力一定會被看見的。

主管指派工作時一定會觀察的一點

是新人「對待工作的態度」，

從一個人面對瑣事的態度，

就可以推敲出很多。

53 主人與僕人只有一線之隔

站在公司的立場，會希望支付最少的費用給員工，獲得最大的價值和利益；相反地，員工們無不希望從較少的工作量中，享受更多的利益。資方與勞方對同一件事的理解總是不一樣，「拿多少錢就做多少事」和「工作就是要鞠躬盡粹、全力以赴」，這兩者當中，哪一個對個人來說才是最合理的選擇呢？

「拿多少薪水就做多少事」，應該有很多人抱著這種想法工作吧！但工作還是要盡力而為，因為一切其實都是為了自己。工作表現好的人對工作的忠誠度高，也因為努力工作的樣子，連帶被視為對組織的忠誠度也高。你努力工作，是為了完成自己的目標和夢想，而組織也會認為你的投入，是為了組織的目標和任務，那麼好的評價和待遇也會跟著來的。

主人與僕人只有一線之隔，做自己想做的事，那我就是主人；做別人指派的事，那就是僕人，不是嗎？與其只做上級指示的事情，還不如自己主動想想還可以做什麼事。如果一個組織不重視內部員工，只是一味地利用或剝削，那麼員工也很難長久待在那裡。員工一旦有了力量，遇到好的機會，就會為自己選擇其他更好的出路。如果你所待的組織不是那樣的，希望你像個主人一樣工作，為自己就是為了組織。

你問我可以得到什麼，我承諾，如果對公司有貢獻，你可以獲得導師、後援、成果、晉升以及機會。但你只貢獻給自己將無法得到。

——雪柔．桑德伯格（Sheryl Sandberg），Facebook營運長

54

剛進公司先放下手機

對於新進職員來說，智慧型手機只要善加利用，就能成為職場上的好工具，有各式各樣的程式，名片管理、筆記本、掃描功能、在職學習等，可以讓工作更有效率。但是如果在工作中過度使用手機，不僅會妨礙集中力，還很容易造成不必要的誤會。別看上班時間前輩好像忙著自己的工作，對新人漠不關心，但實際上他們都在密切關注新人的一舉一動。對前輩來說，他們也很想知道這個新人能不能成為好夥伴，因為從這一刻開始，你們相處的時間會比與家人在一起更長。

如果經常被發現在工作時上網或使用社群網站，對你是不會有好處的，尤其像大型會議或教育研習時，有許多職員一起參加的場合，使用手機最不恰當，看到的人會覺得你在上班時間做自己的事。即便出現一點空檔，如果沒有急迫的業務要處理，最好還是看看對工作有助益的書，或是可以跟有空閒的前輩聊聊，零碎的時間也要過得有意義。

✚ 進公司初期，有意義度過閒暇時間的方法

- 找尋可以協助自己盡快熟悉公司業務的方法，盡快掌握及適應公司。
- 多與共事的主管或前輩交流。
- 與其滑手機不如找書讀。
- 幫助忙碌的前輩，主動詢問：「有什麼需要幫忙的嗎？」
- 清掃及整理，將辦公室亂七八糟的地方整理好。
- 和同事聊聊，與同期或其他有空閒的同事交換情報。

55
再怎麼難過，也不留下情緒性話語

劉職員進公司二個月了，因為處理工作的速度太慢，一個星期有兩天加班。金部長交給他的統計分析花了二天都還沒有做完，就被部長叫去訓了一頓。劉職員心裡覺得很難過又氣憤，在手機通訊軟體上，將自己的狀態更改為「啊！真是火大」，同部門其他同事一看就懂，因為大家平常都透過通訊軟體上的群組進行業務溝通，自然看得到成員的狀態訊息，所以大家很自然想到是因為金部長的關係。不久之後，金部長也知道了。

劉職員最後沒有通過三個月試用期，提早離開了公司。而且遺憾的是，金部長在同業間還挺有影響力的，對劉職員不好的評價很快便在業界傳開。有的業界圈子很小，有什麼事只要告訴一、兩個人，很快整個業界都知道了。我們在職場生活中，難免會碰到一些苦悶事，有時甚至還會讓人生氣，但越是這種時候就越要小心，避免顯露自己的負面情緒。

在社群軟體或網路上留下訊息的痕跡清晰可見，因此要更加慎重。也許有人看了會同情你，但大部分的人會認為那是不成熟的，尤其有些公司或主管喜歡探究員工的個人生活。在工作上產生委屈，期待從公司那邊得到安慰和溫暖是不明智的想法。

不過，這不是要你故意讓自己看起來像鋼鐵般強悍，只是如果真想抒解壓力，最好還是下班後在公司外面找好朋友抒發，找那種會站在你這邊傾聽、給你安慰的人。最強大的人就是能夠控制自己的人，在職場中，不管是在社群網站留言或寫電子郵件時，每個字句都要留意語氣。

✚ 就算難過也應該吞進肚裡的事

- 要注意在社群網站上表露的情緒，很容易被認為不成熟。
- 在公司最好不要被看到流眼淚，因為沒有人會擁抱你。
- 避免用「鍵盤攻擊」偷偷報復，因為那樣做太明顯了。

56 不羨慕也不自滿

別人的薪水比我高、工作更輕鬆、有好前輩帶領、提供協助的人很多、還比我早升官，這些值得羨慕嗎？這沒什麼好羨慕的，薪水比較多，要承受的壓力也大；工作很輕鬆，代表成長的機會少；有好前輩帶領，就少了認識各種人的機會；提供協助的人多，相對地自我認識和省察的機會就少；升職越快，有人說離職也會很快。有得必有失，哈佛大學教授格里高利．曼昆（Nicholas Gregory Mankiw）說過，經濟學的第一原則是「所有選擇都有代價」，天下沒有白吃的午餐。

親愛的女兒，你現在還只是站在起點而已，不需要盲目地跟別人比較，也不用著急，以後還有很多選擇的機會，為了將來能在每個瞬間做出明智的決定，現在你要做的

是盡你的全力。選擇的本質，其實就是放棄，人生的智慧要用在重要的事物上，其他無關緊要的東西有時必須放棄。阿里巴巴創辦人馬雲曾談到關於人生各階段的建議：

到了你四十多歲時，就應該專心做自己擅長的事情，不要挑戰新的領域，因為已經太晚了，也許有可能成功，但是失敗的可能性更大，所以還是集中心神在自己擅長的事上；如果你是五十多歲的人，請推年輕人一把。年輕人的實力更好，投資他們、好好培養他們；如果你已經超過六十歲了，就請為自己投資時間吧！到海邊享受日光浴，因為再找新的機會真的已經太晚了。當然這些都是我自己的看法，是我想對年輕人說的話。二十五歲的人就大膽地失誤吧！不要擔心，跌倒了再爬起來，享受人生的每一個階段吧！

如果現在還是十幾歲的年紀，就努力念書，因為若想成為企業家必須先學習各種知識；如果你是二十多歲的人，在中小企業裡，找一個好的前輩跟著吧。在大企業適合學習有制度的工作流程，但你會是大機器裡的一個小零件，而在中小企業工作的話，你會學到夢想和熱情，同時可以學會很多事。三十歲之前重要的不是在什麼樣的公司上班，而是跟隨什麼樣的前輩，好的上司教給你的東西會很不一樣。如果你現在三十多歲，未來真的想成為企業家的話，就應該明確地思考、為自己工作。

後記

離職有時是最好的選擇

如果工作真的感覺很痛苦，難免會考慮要不要離職。職場生活真的很不容易，連進公司好幾年的前輩都覺得辛苦，更何況是新進職員呢？現在前輩桌上堆積如山的工作，代表他們已經撐過了、也適應了職場生活；但剛進公司的新職員卻不然，一切都懵懵懂懂，還有很多要學習和適應的，難免會鬱悶和不安。在職場中辭職率最高的，是到職未滿一年的新人，離開的理由有對工作不滿、對薪水不滿、想轉換跑道等各種原因。想離職也沒關係，不過希望你一定要慎重考慮再做決定。

杜拉克曾經舉出幾種必須離職的情況：第一，當組織腐敗，或允許腐敗的風氣蔓延時；第二，沒有分配到能發揮自身優勢的適當工作或部門時；第三，工作成果得不到認可，得不到任何評價的時候；第四，當公司價值觀和自身價值觀不相符時，就是該離職的時候了。

不要害怕離職，或許有另一個更好的機會在等著你，這時遞出辭呈是最好的選擇，因為一旦錯過了時機，就算花上億元也不可能再買回來，時間過了是不會回頭的。

女兒，人生只有一次，希望你可以活出屬於你自己的美好，創造有意義、幸福的故事。爸爸每一刻都為你加油，不論何時何地都與你的心在一起。

愛你的爸爸

HEART
心|視野　心視野系列 073

你可以投身工作，但不迷失自己

給在職場中迷惘的女兒，第一天上班就該懂的工作思維

첫 출근하는 딸에게 : 요즘 것들을 위한 직장생활 안내서

作　　者　許斗榮（허두영）
譯　　者　馮燕珠
總 編 輯　何玉美
責任編輯　陳如翎
封面設計　張巖
內頁排版　theBAND・變設計— Ada

出版發行　采實文化事業股份有限公司
行銷企劃　陳佩宜・黃于庭・馮羿勳・蔡雨庭
業務發行　張世明・林踏欣・林坤蓉・王貞玉・張惠屏
國際版權　王俐雯・林冠妤
印務採購　曾玉霞
會計行政　王雅蕙・李韶婉
法律顧問　第一國際法律事務所　余淑杏律師
電子信箱　acme@acmebook.com.tw
采實官網　www.acmebook.com.tw
采實臉書　www.facebook.com/acmebook01

I S B N　978-986-507-205-6
定　　價　320 元
初版一刷　2020 年 12 月
劃撥帳號　50148859
劃撥戶名　采實文化事業股份有限公司
104 台北市中山區南京東路二段 95 號 9 樓
電話：(02)2511-9798　傳真：(02)2571-3298

國家圖書館出版品預行編目資料

你可以投身工作，但不迷失自己：給在職場中迷惘的女兒，第一天上班就該懂的工作思維 / 許斗榮 (허두영) 著 ; 馮燕珠譯 .

-- 初版 . -- 台北市 : 采實文化 , 2020.12　面 ;　公分 . -- (心視野系列 ; 73)

譯自 : 첫 출근하는 딸에게 : 요즘 것들을 위한 직장생활 안내서

ISBN 978-986-507-205-6(平裝)

1. 職場成功法

494.35　　109014367

廣	告	回	信
台北郵局登記證			
台北廣字第03720號			
免	貼	郵	票

采實文化 采實文化事業股份有限公司

104 台北市中山區南京東路二段 95 號 9 樓

采實文化讀者服務部　收

讀者服務專線：02-2511-9798

你可以——投身工作，但不迷失自己

許斗榮（허두영）／著

馮燕珠／譯

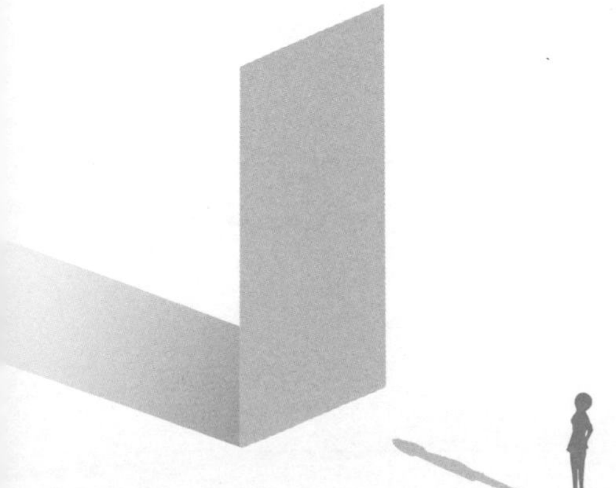

心視野系列專用回函

HEART
心|視野

你可以投身工作，但不迷失自己

讀者資料（本資料只供出版社內部建檔及寄送必要書訊使用）：

1. 姓名：
2. 性別：□男　□女
3. 出生年月日：民國　　　年　　　月　　　日（年齡：　　　歲）
4. 教育程度：□大學以上　□大學　□專科　□高中（職）　□國中　□國小以下（含國小）
5. 聯絡地址：
6. 聯絡電話：
7. 電子郵件信箱：
8. 是否願意收到出版物相關資料：□願意　□不願意

購書資訊：

1. 您在哪裡購買本書？□金石堂（含金石堂網路書店）　□誠品　□何嘉仁　□博客來
   □墊腳石　□其他：＿＿＿＿＿＿＿＿＿＿（請寫書店名稱）
2. 購買本書日期是？＿＿＿＿年＿＿＿＿月＿＿＿＿日
3. 您從哪裡得到這本書的相關訊息？□報紙廣告　□雜誌　□電視　□廣播　□親朋好友告知
   □逛書店看到　□別人送的　□網路上看到
4. 什麼原因讓你購買本書？□對主題感興趣　□被書名吸引才買的　□封面吸引人
   □對書籍簡介有共鳴　□其他：＿＿＿＿＿＿＿＿＿＿（請寫原因）
5. 看過書以後，您覺得本書的內容：□很好　□普通　□差強人意　□應再加強　□不夠充實
   □很差　□令人失望
6. 對這本書的整體包裝設計，您覺得：□都很好　□封面吸引人，但內頁編排有待加強
   □封面不夠吸引人，內頁編排很棒　□封面和內頁編排都有待加強　□封面和內頁編排都很差

寫下您對本書及出版社的建議：

1. 您最喜歡本書的特點：□題目新穎　□實用好懂　□包裝設計　□內容充實
2. 您最喜歡本書中的哪一個單元？原因是？

＿＿＿＿＿＿＿＿＿＿＿＿＿＿＿＿＿＿＿＿

＿＿＿＿＿＿＿＿＿＿＿＿＿＿＿＿＿＿＿＿

3. 關於「生涯規劃、自我實現」相關主題，你還想知道的有哪些？

＿＿＿＿＿＿＿＿＿＿＿＿＿＿＿＿＿＿＿＿

＿＿＿＿＿＿＿＿＿＿＿＿＿＿＿＿＿＿＿＿

4. 未來，您還希望我們出版哪一方面的書籍？

＿＿＿＿＿＿＿＿＿＿＿＿＿＿＿＿＿＿＿＿

＿＿＿＿＿＿＿＿＿＿＿＿＿＿＿＿＿＿＿＿